バイオクリーン環境の知識

編著

環境科学フォーラム

まえがき

　クリーンルームには工業用（ICR）とバイオ用（BCR）の２種類があります。通常の半導体やディスプレイ用のICRは圧倒的に普及しており、性能面も確立しています。ICRでは微小な粒子を主に除去しています。一方BCRではクリーン化の対象除去物には粒子の他に、細菌や真菌（かび）の微生物もあり、これらも除去する必要があります。

　２年前にBCRに関する実務者向けの図書を出版する企画をたて、執筆者との調整を進めている途中で想像さえできなかった新型コロナウイルスによる世界的な感染の拡がりが発生して、出版計画にも新型コロナウイルスの影響が無視できなくなりました。

　現在日常生活では換気を考慮し、３密を避け、マスクを着用しています。一方、クリーンルームは清浄度を維持するのに、室内の換気回数を設定した循環する空気の流れで室内の微粒子を捕捉するフィルターを使用することで清浄度を維持しています。

　本書籍ではバイオの世界に馴染みが薄い読者の皆様に先ずは、第１章で対象となる細菌や真菌、ウイルスの形状や特性を解説し、別途、各種エアフィルターの粒子捕捉の原理や性能も解説しています。第２章以下ではバイオクリーン環境が必要な主な分野についての関連技術、微生物粒子の測定法、規格などを述べています。

　ここ100年の間に世界では「スペイン風邪」に始まり何回かのウイルス感染に見舞われ、今後も新種のウイルスに悩まされる現象が時折発生することが予想されます。コロナウイルス対策に世界の研究者や医療従事者の研究開発の技術力がスピードアップし、今後数年で多くの知見が得られるでしょう。一方で酵母の発酵を利用する食品など健康維持に有用なバイオ技術も今後ますます発展することが予想されます。

　本書がバイオクリーンの世界に皆様の関心を高めるきっかけになっていただけるなら、企画した者として喜ばしいかぎりです。

環境科学フォーラム会長　石津嘉昭

執筆者一覧

執筆者			担当章、節
石津　嘉昭	環境科学フォーラム　会長		まえがき
柳　　　宇	工学院大学　建築学部　建築学科　教授		1.1、第 3 章
包　　　理	日本無機株式会社　開発センタ　課長　博士（工学） 日本空気清浄協会　技術委員会　委員長		1.2、2.2
田　村　　一	株式会社テクノ菱和　東京本店第四営業部　部長 東京工業大学非常勤講師、東京理科大学非常勤講師		2.1
南　雲　　憲	株式会社テクノ菱和　東京本店設計部　部長		2.1
上　西　由翁	鹿児島大学　農水産獣医学域水産学系 水産学部　水産学科　教授		2.2
酢屋　ユリ子	元北里大学病院		2.3
松　木　秀明	東海大学　名誉教授		2.4
石津　健一郎	アステラス製薬株式会社　ジーン セラピー リサーチ＆テクニカル オペレーションズ つくば BS 委員会副委員長		2.5
諏　訪　好英	芝浦工業大学　工学部　工学科 理工学研究科機械工学専攻　教授		第 4 章
前　田　信哉	興研株式会社　マーケティング本部 環境エンジニアリングディビジョン 販売企画セクション		第 5 章
鈴　木　道夫	環境科学フォーラム　副会長		あとがき

「バイオクリーン環境の知識」

目　次

第1章

バイオクリーン環境とは

1.1　バイオクリーン環境とは

1.1.1　微生物とは

　人間の肉眼の解像力は0.2mm程度であるといわれています。従って、ごく一部の原虫を除けば一般に肉眼で見えない生物を微生物といいます。表1.1.1に地球の歴史を12時間（夜の12時から昼の12時まで）に縮めた地球のカレンダーを示します[1]。地球が12時間前に誕生したとすれば、原核生物は9時間前、真核生物は約3時間前に既にこの地球上に生存していました。これに対して、人類の記録された歴史の始まりはたったの1秒前でした。微生物は人間より遥かに昔からこの地球上に生存しています。

表1.1.1　地球のカレンダー

深夜	12:00	地球の誕生
午前	3:00	最初の生命の確実な証拠
午前	3:00 ～ 9:15	原核生物
午前	9:15	最初の真核生物
午前	10:45	原始的動物門の進化
午前	10:54	最初の陸上植物
午前	11:00	最初の脊椎動物
午前	11:30	恐竜（類）の時代
午前	11:50	ほ乳類の時代
午前	11:59	最初の人類
午前	11:59	最初の原生人類
午前	11:59	人類の記録された歴史
午前	12:00	現在

　微生物の存在が人間によって初めて確認されたのは17世紀に入ってからです。記録によれば1673年にオランダ人Leeuwenhoek（1632 ～ 1723）が自ら制作した顕微鏡で"小動物"（微生物）を観察したといいます。その後の1860年にフランス人Pasteur（1822 ～ 1895）が肉汁ブイヨンを用いて、空気中の微生物の存在を証明し、1881年にドイツ人Koch（1843 ～ 1910）はジャガイモを主成分とする固形培地を用いて空気中から微生物の分離に成功しました[2]。

1.1.2　微生物の分類

　在来、生物界を動物界（Kingdom Metazoa）、植物界（Kingdom Metaphyta）に分類していました。その後、Haeckel（1866）は動物界、植物界から微生物を分離し、原生生物界（Kingdom Protista）として独立させる3界分類を提唱しました。また、原生生物界の微生物はその生態によって分類されています。近年、遺伝子レベルの解析を基にした分子系統分類が確立されています[3]。図1.1.1に現在主流的な分類を示します[4]。細菌は真正細菌、真菌は真核生物に属していることが分かります。この系統樹の分類は16S rRNAの塩基配列に基づいているため、ウイルスが含まれていません。ウイルスは共有の祖先ゲノムに含まれています。

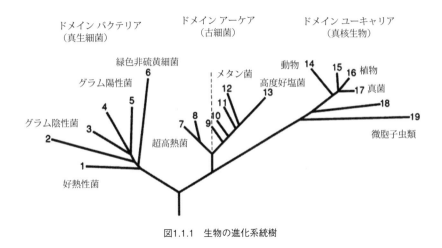

図1.1.1　生物の進化系統樹

1.1.3　微生物の粒径

　顕微鏡で観察した微生物の幾何径は次の通りです。ウイルス：20 ～ 300 nm。細菌：0.3 ～ 10μm。真菌：1 ～ 100μm（単細胞真菌は～ 20μm）。実際に空中の微生物は単体で存在することは殆どなく、微生物同士の凝集体（クラスタ）かほかの非生物粒子に付着して浮遊しています（図1.1.2）[5]。したがって、実際環境中の微生物粒子の粒径は上記の単体の粒径より大きくなります。また、ヒトの呼吸器系への健康影響や空中での挙動を検討する際に、幾何径より空気動力学系が重要となります。

● 生物粒子
○ 非生物粒子

図1.1.2　環境中微生物粒子の状態

1.1.4　バイオエアロゾル空中での挙動

　気体中に浮遊する微小な液体または固体の粒子と周囲の気体の混合体をエアロゾル（aerosol）といいます[6]。バイオエアロゾルとは、エアロゾル中の液体または個体に微生物粒子が付着している混合体になります。バイオクリーン環境はバイオエアロゾル汚染を所定のある目標値（基準）以下に制御されている環境を指します。バイオエアロゾルを制御するには、その空中での挙動を把握する必要があります。

　図1.1.3にバイオクリーン環境に超音波で発生させた*Wallemia sebi*の粒度分布を示します。測定に6段型アンダーセンサンプラー（粒径範囲：0.65 ～ 1.1μm、1.1 ～ 2.1μm、2.1 ～ 3.3μm、3.3 ～ 4.7μm、4.7 ～ 7μm、7μm ～）を用いました[7]。4μmを中位径とした対数正規分布を示しています。これは、一般環境中に測定された真菌胞子も中位径が4μm前後であるとの既往研究の結果[8]と整合しています。

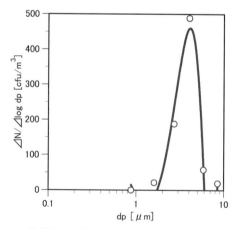

図1.1.3　乾式法による発生後の真菌（*Wallemia sebi*）の粒度分布

　図1.1.4にクラス10,000の食品工場内の粒度別浮遊細菌濃度の測定結果を示します[9]。2〜3μmを中位径とした対数正規分布を示しています。また、同研究では測定場所別、測定日別の浮遊細菌の粒度分布は異なっていることが分かりました。室内細菌の主な発生源は居住者であるため、その時々、場所別の発生状況によってそれぞれ浮遊細菌濃度と粒度分布が形成されていることが考えられます。

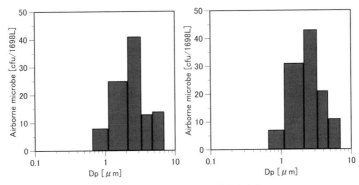

図1.1.4　食品工場内浮遊細菌粒度分布
（測定時間帯　左：13:48〜14:48、右：14:53〜15:53）

　図1.1.5に中国武漢にあるF病院におけるSARS-CoV-2の測定結果を示します[10]。1μm以下と2.5μm以上の2ヶ所にピークがあることが報告されています。SARS-CoV-2について、様々な調査結果が報告されています。

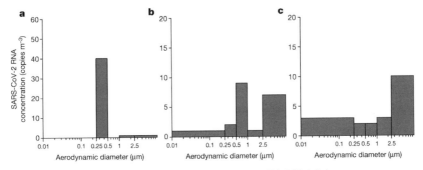

図1.1.5　空中浮遊SARS-CoV-2のRNAの粒径別濃度分布
（a：F病院Bゾーンの保護服を脱ぐ室；b：F病院Cゾーンの保護服を脱ぐ室；
c：F病院医療スタッフオフィス）

　以上の真菌、細菌、ウイルスの室内環境中の粒径特性から、バイオエアロゾルが単体ではなく、複合体で浮遊していることが明らかになっています。

1.1.5　バイオエアロゾルによるヒトの健康への影響

1.1.5-1　量－影響（反応）関係[11]

　ヒトの疾患は、環境要因と遺伝要因の組み合わせによって発症するとされています。環境要因には汚染物質への被曝のほか、社会環境の変化（ストレスの増加）などの複雑な要素に関係することが知られています。一方、遺伝的な要因は病原体に対する感受性の個人差として解釈されています。

　図1.1.6は有害因子に曝される場合、ヒトの健康上の影響を示すものです。汚染物質（毒性）に曝露された場合、ヒトがどのような特徴の影響を示すのかは"量－影響関係（Dose-response relationship）"または量－反応関係（Dose-effect relationship）により説明されています。曝露量と個体への影響の程度との関連を表す量－影響関係に対して、量－反応関係は集団レベルで受ける影響の割合を示します。図1.1.6は数種類の代表的な量－影響（反応）のモデルを示すものです。

　多くの毒性化学物質と微生物はS字状のモデルに適従します。すなわち、ある量（閾値）以下に曝露されても、健康に影響（反応）が見られないが、その閾値を越えると、曝露量の増加に伴って影響（反応）が顕著になります。

　突然変異のある発がん物質においては、曝露の閾値が存在しないとされています。図1.1.6のbの破線が閾値のないことを示しています。また、汚染物質ではないが、温熱環境によるヒトの影響を図1.1.6のcに示す至適範囲の曲線は温熱環境の分野で有名なPMV（Predicted Mean Vote、予想平均申告）曲線とよく似ていることが分かります。

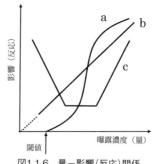

図1.1.6　量－影響（反応）関係

1.1.5-2　細菌による健康への影響

　細菌によるヒトの健康への影響は感染症としてあげられます。主な細菌感染症は結核、レジオネラ症、大腸菌感染症、百日咳、サルモネラ症、カンピロバクター感染症などです。また、近年問題となっている抗菌薬が効かなくなった耐性菌の緑膿菌、アシネトバクターも細菌です。

1.1.5-3　真菌による健康への影響[12]

　真菌によるヒトの健康への影響は経口、吸入、経皮によって引き起こされます。また、ヒトの健康に対する真菌の影響は、真菌が病原体となるもの、真菌から生産する毒素（マイコトキシン）が原因となるもの、および真菌そのものがアレルゲンとなるものがあります。真菌が原因となる疾患には、①真菌症（真菌性疾患、mycoses）、②マイコトキシン中毒症（かび毒中毒症、または真菌中毒症、mycotoxicosis）、および③真菌過敏症（アレルギー性疾患または過敏性反応、hypersensitive）があります。

　真菌症には真菌（カビ、酵母）が皮膚から侵入して病変を起こす表在性のものと、呼吸や経口で体内の種々の組織、臓器に侵入して障害を及ぼす深在性のものがあります。表在性真菌症として皮膚糸状菌（水虫など）、*Sporothrix schenckii*（皮膚、皮下組織、リンパ管に慢性潰瘍性病変など）、*Candida albicans*（カンジタ症）などがあります。深在性真菌症のアスペルギルス症は呼吸器や外耳道に病変をつくり、クリプトコッカス症は脳や中枢神経、肺にとりつきます。健康であれば感染することがないのに、他の病気のための抗生物質の使用、手術後の免疫抑制剤及びステロイドの使用などによる免疫不全や高齢で真菌に対する体の抵抗力が弱まると、真菌の感染症に罹りやすくなります。

　マイコトキシンは、真菌が生産する毒素のことをいいます。マイコトキシンは、真菌が増殖できる環境、即ち、真菌の生育にとって高温・高湿などの好環境下でかつ炭水化物を多く含む穀物類（米、ナッツなど）があるところで大量生産されることがあります。この毒素はたんぱく質ではなく、熱に強く、調理しても毒素が分解されないため、注意を要します。マイコトキシンには、アスペルギルス（*A.flavus*、*A.fumigatus*、*A.ochraceus*、*A.niger*など）のトキシン、ペニシリウム（*P.citreonigrum*、*P.citrinum*、*P.islandicum*など）のトキシン、フサリウム（*F.sporotrichioides*、*F.graminearum*など）のトキシンなどがあります。

　真菌過敏症は、空中浮遊しているアスペルギルスやペニシリウムなどの胞子が抗原となって、それを吸入することによって、気管支喘息、アレルギー性鼻炎、結膜炎が引き起こされることであります。

1.1.5-4　ウイルスによる健康への影響

　この100年間で感染症によるパンデミック（世界大流行）が継続的に発生しています。1918 〜 1919年のスペイン風邪（死者約4,000万人）、1957 〜 1958年のアジア風邪（死者数200万人）、1968 〜 1969年の香港風邪（死者数100万人）、2009 〜 2010年の新型インフルエンザ（死亡者数約28万人）は、何れもインフルエンザウイルスによるパンデミックです[13][14]。また、2019年12月から

　流行中のCOVID-19は2020年8月29日時点の感染者数2,400万人以上、死亡者数83万人以上となっています。その病原体であるウイルスの塩基配列は2003のSARSと似ていることからSARS-CoV-2と命名されています。ウイルスは細菌、真菌と異なり、すべて寄生性であるため、野生動物に寄生し、何等かのタイミングで人間の生活圏に入り、感染症を引き起こします。

　現在、ウイルスは遺伝子塩基配列を基に分類されています。コロナウイルスには、Alphacoronavirus、Betasoronavirus、Gammacoronavirus、Deltacoronavirusの四グループがあります。SARS-CoV-2はBetacoronavirusグループに所属しており、その全ゲノム解析の結果Bat-CoV（蝙蝠由来コロナウイルス）と一致していることが分かっています[15]。図1.1.7にこれまで発生したコロナウイルスの時系列を示します[16]。

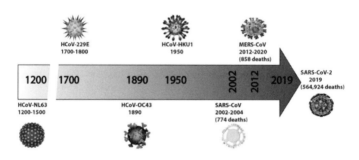

図1.1.7　ヒトに感染するコロナウイルス（Human Coronavirus：HCoV）発生の歴史

　ヒトが感染するとくしゃみやせきなどから感染性エアロゾルを発生します。これまでの研究報告によれば、ヒトの呼吸器系由来の活性飛沫の粒径は殆ど<5〜10μmであることが分かっています[17]。また、感染性SARS-CoV-2については、Santarpiaらが<1μm、1〜4μm、>4.1μmの3段階粒径計測器を用いた測定の結果、患者から発生したSARS-CoV-2を検出し、対象6室のうち5室は<1μmにピーク、1室は>4.1μmにピークがあることを報告しています。なお、この研究において活性を評価するにはTCID$_{50}$を用いています[18]。これらの大きさはせきやくしゃみなどの発生方法の違いがあるほか、環境中浮遊しているうちに飛沫の水分が蒸発し様々な粒径のウイルスが形成されることを意味しています。

1.1.6　バイオクリーン環境実現ための制御方法

1.1.6-1　室内バイオエアロゾル濃度構成

室内汚染物質の濃度はマスバラン（物質収支）によって決まります。非定常状態における室内バイオエアロゾルの濃度は下記の式(1)と式(2)より表されます。室内バイオエアロゾル濃度を低減させるには、給気濃度C_sの低減（フィルタによるろ過）、換気による希釈・除去、発生量Mの抑制であるほか、室内気流による適正化が重要です。以下にそれぞれについて述べます。

$$C = Cse^{-\frac{Q}{V}t} + \frac{M}{Q}\left[1 - e^{-\frac{Q}{V}t}\right] \quad\cdots(1)$$

$$C_S = C_O\ (1 - \eta) \quad\cdots(2)$$

C　：室内汚染物質濃度［個/m³］

C_s　：給気中汚染物質濃度［個/m³］

C_o　：外気中汚染物質濃度［個/m³］

Q　：給気量［m³/h］

V　：室容積［m³］

M　：室内汚染発生量［個/h］

t　：経過時間［h］

η　：エアフィルタの捕集率［－］

1.1.6-2　フィルタによるろ過

エアフィルタの仕様、捕集性能の詳細について"エアフィルタ"の節に譲るとして、ここではエアフィルタによるバイオエアロゾルの除去について述べます。

「1.1.4　バイオエアロゾル空中での挙動」で、バイオエアロゾルの粒径特性について述べています。実環境中の細菌や真菌の中位径は約4μmであり、ウイルスは約0.3μmと2.5m以上のピークがあります。

エアフィルタは主として慣性衝突、さえぎり、拡散、静電気のメカニズムにより、フィルタろ材近傍の浮遊粒子を捕集します。実際の場合、エアフィルタによる粒子の捕集は前述のどれかまたは複数の捕集機構によります。粒径によって捕集機構が異なり、粒径が大きければ慣性衝突、小さければ拡散による捕集率が高くなるが、0.2μm前後の粒子に対しての捕集率は最も低くなります。

バイオクリーン環境には一般に高性能フィルタ（HEPA：定格風量で粒径が0.3µmの粒子に対して99.97%以上の粒子捕集率を有する）が使用されています。したがって、HEPAフィルタを使用すれば、給気中のバイオエアロゾルの濃度はほぼゼロとなります。実際に、筆者らがレーザーパーティクルカウンタを用いて行った手術室の給気濃度の測定では、給気中の0.3µm以上の浮遊粒子濃度ゼロであることを確認しています。

1.1.6-3　換気量による希釈・除去

室内が完全混合の状態における、換気によるバイオエアロゾルの除去効果を表1.1.2に示します。また、HEPAフィルタを用いれば、換気中の浮遊粒子がほぼ100%除去されるため、外気に相当する換気効果があります。循環を含めた換気回数10回/h、20回/h、50回/hの場合、それぞれ空気中バイオエアロゾル99%を除去するには、28分、14分、6分となります。なお、表1.1.2は室内から発生がない場合を前提にしています。実環境では、発生があれば、室内バイオエアロゾルの濃度が形成されます。言い換えれば、室内での発生抑制が重要です。表1.1.3に医薬品・化粧品の主な汚染事例を示します。1例を除けば、全ての汚染原因は細菌です。室内汚染発生の抑制が重要であることが示唆されました。

表1.1.2　換気回数と浮遊粒子に対する除去効果[19]

換気回数（回/h）	除去に必要な時間（分）	
	除去率99%	除去率99.9%
2	138	207
4	69	104
6	46	69
8	35	52
10	28	41
12	23	35
15	18	28
20	14	21
50	6	8

表1.1.3　医薬品・化粧品の主な汚染事例[20]

医薬品		
製剤別	汚染度	報告者
内服液	46/400, 天然植物原料多用製剤, グラム陰陽性菌	Brennan　1968年
医用ローション	緑膿菌, 一般細菌	FDA　1970年
合成薬品	18/98, 一般細菌	Cooper　1971年
局所製品	緑膿菌, 大腸菌	Bruch　1971年
抗生物質・目軟膏	16/82, 各種真菌	Bowman　1972年
化粧品		
製剤名	汚染菌	報告者
ハンドローション	72/90, 霊菌, 緑膿菌, 肝炎桿菌ほか	Morseほか　1968年
クリーム, 軟膏	20/169, 一般細菌	FDA, 4　1970年
目, 顔, パウダー	27/324, グラム陰性菌, 一般細菌	Princeほか　1971年
各種化粧品	使用前　　20/165, ブドウ球菌ほか	Myersほか　1973年
	使用後　110/222, ブドウ球菌ほか	
各種化粧品の美用具	使用前　　8/29, ブドウ球菌ほか	
	使用後　37/37], ブドウ球菌ほか	

注:
(1) 本表は「コンタミネーションコントロール便覧, 日本空気清浄協会編, オーム社発行, 1996年」より抜粋したものである。
(2) 表中の数値:分母は試験サンプル数, 分子は汚染サンプル数。

1.1.6-4　発生量の抑制

　今まで多くの研究結果から、空調・換気で制御された室内環境では、真菌と細菌の主な発生源はそれぞれ外気による侵入と在室者からの発生です。バイオロジカルクリーンルーム（Biological clean room、BCR）の場合、HEAPフィルタが備えられているため、ケースによってはヒトの出入りによる侵入があるものの、空調経由での侵入がないものと考えられています。一般に在室者からの細菌の発生の抑制には、クリーンスーツなどの着用である程度対応できるが、ヒトのアクティビティによって、それを完全に防ぐことは難しいです。

　図1.1.8に某化粧品工場のBCRにおける室内浮遊粒子濃度と浮遊微生物濃度の測定結果を示します。浮遊粒子と浮遊細菌、真菌濃度は時々刻々変動するが、浮遊細菌に比べ、浮遊真菌が殆ど検出されませんでした。これは、前述したBCR内浮遊細菌と浮遊真菌の主な発生源の違いによるものと推察されます。ヒトのいない昼休み時間帯に生菌（細菌、真菌）が検出されなかったが、操業時では細菌が検出されました。

　また、ヒトの呼吸、せき、発生、くしゃみからエアロゾルも発生するため、

マスクの着用などの対応が必要となります。図1.1.9に呼吸・会話・持続発生・せきにより発生した粒子の粒度分布を示します。

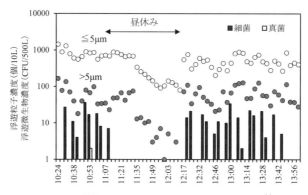

図1.1.8 某化粧品工場BCR内浮遊粒子と微生物の濃度[20]

1.1.6-5 気流計画

　換気量が多ければ多いほど室内汚染物質が希釈され、その濃度は低くなります。また、その濃度減衰速度においても換気量が重要です。換気による室内のバイオエアロゾルの制御は、換気量、気流方向、気流パターンの3つの側面で行われています。前述した式(1)は室内が完全混合の状態、かつ汚染物質の発生が室内で瞬時に一様拡散することが前提となっています。実際の室内環境では、そのような理想な状態にないのは殆どすべてです。この場合、汚染物質の発生個所か換気の気流計画が重要となります。

　汚染の発生個所が固定されている場合、局所排気が最も有効です。また、感染症対策の場合、患者と医療従事者の位置関係が一定の場合（診察室など）、ピストンフローやPush-pull方式が適用できます。しかし、実際の場合室内でのバイオエアロゾルの発生源の位置関係が分からないのは普通です。この場合、室内の気流計画は重要になります。図1.1.10に代表的な換気システムを示します。ダウンフロー換気方式は隔離病室に適用するとしていくつかのガイドラインに推奨されています。この方式は、温度の低い給気を天井から低風速で吹き出し、室内の汚染物質を床面に向けて排出する方法です。層流や一方向流の換気はこのシステムの特徴であり、最初は工業用クリーンルーム（Industrial clean rooms、ICR）に用いられ、現在は外科手術室に使用されています。

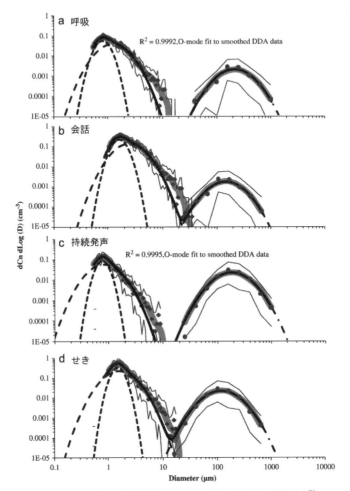

図1.1.9　呼吸・会話・持続発生・せきによる発生した粒子の粒度分布[21]

　置換換気は、床レベルから室温より若干低い温度の新鮮空気を供給すると、この空気は室内の発熱体によって加熱され上昇気流となります。その上昇気流によって汚染物質が効率よく排出されます。

　攪拌型(混合型)は一定の気流速度で室内汚染物質を均一になるように攪拌するもっとも一般的な換気方式です。

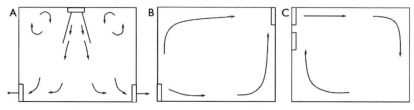

図1.1.10　代表的な換気システム[22]
A：ダウンフロー型換気、B：置換換気、C：混合型換気

1.1.6-6　空気清浄機の活用

　前述した攪拌型換気では、室内隅々まで攪拌できないのが現状です。したがって、換気の悪い箇所が生じます。そのため、必要に応じて、空気清浄機の活用が有効です。

　浮遊粒子を対象とする空気清浄機はフィルタろ過式と電気集じん式（イオン化部を通った空気中の粒子を荷電させ、その後方にある電気集じん部により粒子を捕集するもので、主に業務用）に大別されます。なお、近年では、イオンを放出するなどのタイプもありますが、空中浮遊している活性ウイルスの減少効果において、既存のフィルタろ過技術に遠く及ばなかったとの報告があり[23]、ここでは、フィルタろ過式空気清浄機について述べます。ちなみに、消費者庁は2020年3月10日「新型コロナウイルスに対する予防効果を標ぼうする商品の表示に関する改善要請等及び一般消費者への注意喚起」[24]においてマイナスイオン発生器、イオン空気清浄機に対して、当該表示を行っている事業者等に対し、緊急的に改善要請等を行っています。

　フィルタ式空気清浄機のろ過原理は前述したエアフィルタと同じですが、空調機に備えられているエアフィルタの場合、わずかなリークがあるがほとんど全ての給気がエアフィルタを通って室内に供給されます。これに対して、空気清浄機は室内の空気を循環させながら空気中の浮遊粒子をろ過するしくみとなっています。従って、フィルタろ過式空気清浄機の浄化性能はフィルタの捕集率のみならず、その風量にも関係します。式(3)にフィルタろ過式空気清浄機を設置する場合の室内浮遊汚染物質濃度の構成を示します。空気清浄機の浄化性能は$q\eta/V$で決まります。フィルタの捕集率と同様に風量が重要なファクターになります。従って、対象空間の容積を勘案して空気清浄機の風量や台数を選定する必要があります。

$$C=Coe^{-\frac{q\eta}{V}t}+\frac{M}{q\eta}\left[1-e^{-\frac{q\eta}{V}t}\right] \qquad \cdots(3)$$

Co：室内初期汚染物質濃度［個/m^3］

η　：エアフィルタの捕集率［－］

1.1.6-7　UGVIによる殺菌

生物のDNA（デオキシリボ核酸）の吸収スペクトルは254nm（UVC波長領域：100～280nm）近辺に存在しており、細菌、真菌、ウイルスに紫外線（UVC）を照射すると、DNAの損傷が起き複製ができなくなります。UVCによる殺菌作用はこの原理を利用しています。なお、インフルエンザA型ウイルスやSARS-CoV-2のような 1 本鎖RNA（リボ核酸）ウイルスの場合も、紫外線に曝露されるとその塩基配列が壊れ、複製機能が喪失します[25]。実際に紫外線の殺菌効果は紫外線の強度I（mW/m^2）と照射時間t（s）の積（線量）によって決まります。紫外線殺菌によるウイルスの生存率を下記の式に示します。SARS-CoV-1（2003年SARSの病原体）を含むコロナウイルスのk値は1.106cm^2/mW・s（0.1106m^2/J）、D_{90}（90％殺菌線量）は2.1mW・s/cm^2（21J/m^2）であることが報告されています[26]。たとえば、0.1mw/cm^{2}の強度であれば、21秒照射で90％のウイルスが不活化になることが予測されます。

$$S_t=e^{-kIt} \qquad \cdots(4)$$

S_t：生存率（－）

k　：殺菌係数（cm^2/mW・s）

I　：紫外線強度（mW/cm^2）

t　：照射時間（s）

UVGIの有効性から、WHO[27]、CDC[28]、REHVA[29]、ASHRAE[30]が推奨しています。また、WELL BUILDING STANDARDについて、2020年 4 月に改訂され、COVID-19関連で空気の微生物対策の項目に紫外線殺菌が追加されています。UVランプの設置場所によって、アップルーム方式とインダクト方式に分類されています。前者は部屋の上部、後者は空調システム内（空調機内またはダクト内）にUVランプを設置することを指しています。UVCはヒトの健康に影響（白内障、

皮膚がん)を及ぼすため、その紫外線を直接にヒトに当てないことが重要です。

表1.1.4に各種の微生物を死滅させるのに必要な殺菌線量を示します[32]。筆者ら[33]がUVCランプを装着したエアハンドリングユニット(熱交換コイル下流)を導入した病院の待合室における実測を行いました。その待合室から分離された

表1.1.4 各種の微生物を死滅させるのに必要な殺菌線量

菌　　　　　種			培地上の菌を99.9%殺すのに必要な照射量 $(sec \cdot mW/cm^2)$
グラム陰性菌 (Gram-negative strains)	Proteus Vulgaris Hau	赤型菌	3.8
	Shigella dysenteriae	赤痢菌 (志賀菌)	4.3
	Shigella Paradysenteriae	赤痢菌 (駒込BⅢ菌)	4.4
	Eberthella typhosa	チフス菌	4.5
	Escherichia coli communis	大腸菌	5.4
	Vibrio comma-chlera	コレラ菌	6.5
	Pseudomonas aeruginosa	緑膿菌	10.5
	S. typhimurium	サルモネラ菌	15.2
グラム陽性菌 (Gram-positive strains)	Streptococcus hemolyticus (Group A-Gr. 13)	溶血連鎖球菌 (A群)	7.5
	Staphylococcus albus	白色ブドウ球菌	9.1
	Staphylococcus aureus	黄色ブドウ球菌	9.3
	Streptococcus hemolyticus (Group D.C-6-D)	溶血連鎖球菌 (D群)	10.6
	Streptococcus fecalis R	腸球菌	14.9
	Mycobacterium tuberculosis	結核菌	10.0
	Bac. mesentericus fascus	馬鈴薯菌	18.0
	Bac. mesentericus fascus (Spores)	馬鈴薯菌 (芽胞)	28.1
	Bac. subtilis Sawamura	枯草菌	21.6
	Bac. subtilis Sawamura (Spores)	枯草菌 (芽胞)	33.3
酵母 (Yeasts)	Bakers Yeast	パン酵母	8.8
	Saccharomyces ellipsoideus	ブドウ酒酵母	1.32
	Saccharomyces cerevi untergar. Munchen	ビール酵母	18.9
	Saccharomyces Sake	日本酒酵母	19.6
	Zyga-Saccharomyces Barkeri	生悪酒ロウ	21.1
	Willia anomala	ウイリア属酵母	37.8
	Pichia miyagi	ピヒア属酵母	38.4

	種　　　類	胞子の色	主な繁殖場所	
カビ (Mold stores)	Oospora lactis	白	クリーム, バター	10.2
	Mucor rocemosus	灰色	肉	35.4
	Penicillum roqueforti	緑	チーズ	26.4
	Penicillum expansum	オリーブ	リンゴ, 果物	22.2
	Penicillum digitatum	オリーブ	ミカン	88.2
	Aspergillus glaucus	青緑	土, 穀物, 乾草	88.2
	Aspergillus flavus	黄緑	土, 穀物	120.0
	Aspergillus niger	黒	全食品	264.0
	Phizopus nigricans	黒	果物, 野菜	222.0
ウイルス (Virus)	Poliovirus-Polimyelitus			6.0
	Bacteriophage(E. Coli)			6.6
	Infectious Hepititus			8.0
	Tobacco mosaic		タバコモザイク	440.0
原生動物 (Protozoa)	Chlorella vulgaris (Algas)			22.0
	Nematode eggs			92.0
	Paramecium			200.0

Acinetobacter sp. 7206株を用いた試験の結果を表1.1.5に示します。試験時の紫外線強度は0.1mW/cm^{2}でした。死滅率99.9％（40秒後）の線量は4s・mW/cm^2（40s×0.1mW/cm^2）でした。この線量は在来報告されているグラム陰性菌（*Proteus Vulgaris Hau*：3.8、*Shigella dysenteriae*：4.3、s・mW/cm^2）やウイルス（*Influenza*：6.6、*Poliovirus-Plimyelitus*：6.0、s・mW/cm^2）と同程度です（表1.1.5）。

表1.1.5　UVC照射後後の生菌数

経過時間	試験1	試験2	試験3	平均
0s	1,600	1,600	1,600	1,600
20s	138	173	286	199
25s	126	99	96	107
30s	66	52	73	64
35s	7	25	40	24
40s	0	0	1	0.3
50s	0	0	0	0

＜参考文献＞

⑴　ウォーレス：現代生物学，東京化学同人出版，1991

⑵　柳　宇：室内環境と微生物，空気清浄，第52巻，第1号，pp.45-54，2014

⑶　シンプル微生物学(改訂第3版)，p.1，南江堂，2002

⑷　WOESE CR, et al. Towards a natural system of organisms: Proposal for the domains Archaea, Bacteria, and Eucarya. Proc. Nati. Acad. Sci. USA, Vol.87, pp.4576-4579, June 1990

⑸　柳　宇：室内環境中のバイオエアロゾルの実態と対策，平成27年度室内環境学会学術大会，p.330，2015

⑹　日本エアロゾル学会：https://www.jaast.jp/new/home-j.html

⑺　柳　宇：建築物を対象とした生化学物テロの対策に関する基礎研究，基盤研究(C)報告書，2007

⑻　日本建築学会編：室内空気質環境設計法，pp.140-141，技報堂，2005.

⑼　柳　宇，高鳥浩介，狩野文雄，横地明，青山敏信，池田耕一，木ノ本雅通，三上壮介，山崎省二：クリーンルームの微生物汚染評価－最終報告，第26回空気清浄とコンタミネーションコントロール研究大会予稿集，pp.248-51，2008

⑽　Yuan Liu, Zhi Ning, Yu Chen, Ming Guo, Yingle Liu, Nirmal Kumar Gali, Li Sun, Yusen Duan, Jing Cai, Dane Westerdahl, Xinjin Liu, Ke Xu, Kin-fai Ho, Haidong Kan, Qingyan Fu & Ke Lan. Aerodynamic analysis of SARS-CoV-2 in two Wuhan hospitals. Nature, Vol 582, 25, pp.557-560, June 2020. https://www.nature.com/articles/s41586-020-2271-3

⑾　柳　宇：空気汚染と健康影響，空気清浄，第57巻，第6号，pp.46-54，2020

⑿　柳　宇．かびによるヒトの健康への影響とそれに対する規制の現状，室内環境学会，Vol.11(2)，111-6，2008

⒀　河岡義裕，今井正樹監修：猛威をふるう「ウイルス・感染症」にどう立ち向かうのか，ミネルヴァ書房，2018

⑭　CIDRAP：CDC estimate of global H1N1 pandemic deaths: 284,000, 2012 https://www.cidrap.umn.edu/news-perspective/2012/06/cdc-estimate-global-h1n1-pandemic-deaths-284000

⑮　Zhou P., et al., A pneumonia outbreak associated with a new coronavirus of probable bat origin. Nature, Vol 579, 12 March 2020. https://doi.org/10.1038/s41586-020-2012-7

⑯　Shereen MA, et al. COVID-19 infection: Origin, transmission, and characteristics of human coronaviruse. Journal of Advanced Research, 2020. http://creativecommons.org/licenses/by-nc-nd/4.0

⑰　Ai ZT, Melikov AK. Airborne spread of expiratory droplet nuclei between the occupants of indoor environments: A review. Indoor air. 2018; 28: 500–524. DOI: 10.1111/ina.12465

⑱　Santarpia JL, Herrera VL, Rivera DN, Ratnesar-Shumate Patrick Reid SS, Denton PW, Martens JWS, Fang Y, Conoan N, Callahan MV, Lawler JV, Brett-Major DM, Lowe JJ. The Infectious Nature of Patient-Generated SARS-CoV-2 Aerosol. medRxiv preprint doi: https://doi.org/10.1101/2020.07.13.20041632

⑲　CDC. Guidelines for Environmental Infection Control in Health-Care Facilities. 2003. https://www.cdc.gov/infectioncontrol/guidelines/environmental/index.html

⑳　柳　宇：バイオクリーンルームにおける微生物汚染防止対策，ファームステージ，Vol.7(2)，pp.31-4，2007

㉑　Johnson GR, Morawska L, Ristovski ZD, Hargreaves M, Mengersen K, Chao CYH, Wan MP, Li Y, Xie X, Katoshevski D, Corbett S. Modality of human expired aerosol size distributions. Journal of Aerosol Science, 42, pp.839-851, 2011.

㉒　Qian H, Zheng XH. Ventilation control for airborne transmission of human exhaled bio-aerosols in buildings. Journal of Thoracic Disease, Journal of Thoracic Disease 2018;10(Suppl 19): S2295-S2304. DOI: 10.21037/jtd.2018.01.24

㉓　西村秀一：高性能の空中浮遊インフルエンザウイルス不活化を謳う市販各種電気製品の性能評価，感染症学雑誌，第85巻，第 5 号，pp.537-539, 2011

㉔　消費者庁，新型コロナウイルスに対する予防効果を標ぼうする商品の表示に関する改善要請等及び一般消費者への注意喚起について(https://www.caa.go.jp/notice/entry/019228/)

㉕　Brickner PW, Vincent RL, First M, Nardell E, Murray M, Kaufman W. The Application of Ultraviolet Germicidal Irradiation to Control Transmission of Airborne Disease: Bioterrorism Countermeasure. Public Health Reports. 2003; 118(2): 99-114. https://www.researchgate.net/publication/10809688

㉖　Kowalski WJ, Bahnfleth WP, Hernandez MT. A Genomic Model for Predicting the Ultraviolet Susceptibility of Viruses. IUVA News. 2009; 11(2): 15-28. https://www.researchgate.net/publication/228896922

㉗　WHO Guideline. Natural Ventilation for Infection Control in Health-Care Settings. 2009. ISBN 978 92 4 154785 7

㉘　CDC. Guidelines for Environmental Infection Control in Health-Care Facilities. 2003, Updated: July 2019

㉙　RHEVA. REHVA COVID-19 guidance document, How to operate HVAC and other building service systems to prevent the spread of the coronavirus (SARS-CoV-2) disease (COVID-19) in workplaces. August 3, 2020. https://www.rehva.eu/fileadmin/user_upload/REHVA_COVID-19_guidance_document_V3_03082020.pdf

㉚　ASHRAE. ASHRAE Position Document on Infectious Aerosols, April 14, 2020 https://www.ashrae.org/file%20library/about/position%20documents/pd_

infectiousaerosols_2020.pdf

(31)　2020 International WELL Building Institute pbc. STRATEGIES FROM THE WELL BUILDING STANDARD TO SUPPORT IN THE FIGHT AGAINST COVID-19.

(32)　殺菌・除菌実用便覧，サイエンスフォーラム発行，1996 年

(33)　柳　宇，小田切茜，遠藤美代子，小田久人：病院待合室におけるアシネトバクターの実態とその対策，第36回空気清浄とコンタミネーションコントロール研究大会予稿集，pp.179-182，2019

1.2　バイオクリーン環境のエアフィルタ

1.2.1　エアフィルタの概要

　JIS Z 8122コンタミネーションコントロール用語を引用すると、空中に浮遊している微小粒子やガス状汚染物質などを、ろ過によって除去し空気を清浄化する装置がエアフィルタです。対象となる粒径や粒子捕集効率によって、粗塵フィルタ、中性能フィルタ、高性能フィルタ（HEPA・ULPA）などがあります。またガス状物質の除去を目的としたケミカルフィルタもあります。

　エアフィルタの産業への応用は西暦50年頃にさかのぼる、鉱山の坑道で呼吸用の空気を得るために、布の両端を持ち、上下に振って粉塵を除去したのが、空気ろ過の始まりとされています。エアフィルタの初期性能（捕集効率と圧力損失）の予測理論は、ロシアの研究者N.A.Fuchsらによって確立され、1978年に発行されたFundamental of Aerosol Scienceにまとめられています。

　粗塵フィルタとは、主として粒径が5μmより大きい粒子を除去対象としており、外気取り入れ用等で大きな塵埃を除去する目的で使用されており、塵埃質量比で評価する質量法で98%未満のフィルタです。また、塵埃の粒径別個数濃度と大気塵の体積分布から算出した質量濃度ベースの捕集効率で、10μm粒子の捕集効率は20%を超えて50%未満のフィルタ（後述の新JIS B 9908ではJIS Coarseグループ）です。

　中高性能フィルタとは、主として粒径が1μmより大きい粒子を除去対象としており、後段に設置される高性能（HEPA他）フィルタの長寿命化のために、その前段で使われています。塵埃の粒径別個数濃度と大気塵の体積分布から算出した質量濃度ベースの捕集効率が、10μm粒子において50%以上、1μm粒子において99%以下のフィルタ（後述の新JIS B 9908ではJIS ePM10グループ、JIS ePM2.5グループまたはJIS ePM1グループ）です。

　HEPAフィルタとは、塵埃個数比で評価する計数法で0.3μm粒子で99.97%以上のフィルタです。ULPAフィルタとは、塵埃個数比で評価する計数法で0.15μm粒子で99.9995%以上のフィルタです。ケミカルフィルタとは、生活環境・作業環境の空気中に含まれる特定のガス状汚染物質を除去するフィルタです。

　各種フィルタで除去できる汚染物質を図1.2.1に示します。

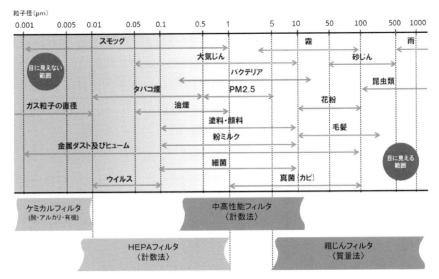

図1.2.1　フィルタで除去できる汚染物質

1.2.2　エアフィルタのろ過理論

　フィルタの粒子捕集のメカニズムを図1.2.2に示す、ブラウン拡散、さえぎり、慣性衝突、重力沈降、静電気力などがあります。ろ過理論によると、捕集効率は、これらのメカニズムを考慮した推定式で計算できます。但し、あまり知られていないその前提条件としては、いずれも粒子が何らかの力やエネルギにより、空気の流れから外れて、繊維表面に衝突し、なお且つ付着することです。

　Kirschら[1]は、ファンモデルフィルタの単一繊維捕集効率を基に、繊維径の分散、充填の不均一性を考慮した以下のような粒子透過率推定法を提案しています。

$$P = \exp\{-\overline{d_f} \cdot \eta^r \cdot L\} = \exp\{-\overline{d_f} \cdot \frac{\eta^f}{\delta_e} \cdot L\} \qquad \cdots(1)$$

ここで、Pは粒子透過率、$\overline{d_f}$ は平均繊維径、n^fは、繊維径d_fを持つファンモデルフィルタの単一繊維捕集効率であり、次式により求められます。

$$\eta^f = \eta_D^f + \eta_R^f + \eta_{DR}^f \qquad \cdots(2)$$

　n_D^f、n_R^fはそれぞれ、平均繊維径$\overline{d_f}$ を用いて計算される拡散、さえぎり効果のみによる単一繊維捕集効率で、n_{DR}^fは拡散とさえぎりが同時に作用する際に

生じる相乗効果を表しています。繊維表面でのスリップフロー（すべり流れ）の影響を考慮に入れると、n_D^f、n_R^f、n_{DR}^fは次式で与えられます。

$$\eta_D^f = 2.7Pe^{-2/3}\left\{1 + 0.39(K^f)^{-1/3}Pe^{-1/3}Kn\right\} \qquad \cdots(3)$$

$$\begin{aligned}
\eta_R^f = (2K^f)^{-1}\{&(1+R)^{-1} - (1+R) \\
&+ 2(1+R)\ln(1+R) \\
&+ 2.86Kn(2+R)R(1+R)^{-1}\} \qquad \cdots(4)
\end{aligned}$$

$$\eta_{DR}^f = 1.24(K^f)^{-1/2}Pe^{-1/2}R^{2/3} \qquad \cdots(5)$$

ここで、K^fは水力学因子、PeはPeclet数、Rはさえぎりパラメータ、KnはKnudsen数です。

また、Lはフィルタろ材の単位面積あたりの繊維の全長であり、次式により与えられます。

$$L = \frac{4 \cdot \alpha \cdot H}{\pi \cdot d_f^2} = \frac{4 \cdot \alpha \cdot H}{\pi \cdot d_f^2 \cdot (1+\sigma)} \qquad \cdots(6)$$

αはフィルタ充填率、Hは厚み、σは繊維径の分散です。

δ_eはファンモデルフィルタの単一繊維捕集効率η^fと実フィルタの単一繊維捕集効率η'の比ですが、Kirschら[1]はフィルタ内部構造が捕集効率と圧力損失に同様な効果をもたらすと考え、圧力損失で捕集効率の理論値を補正すると、推定精度が上がるとしています。

単一繊維捕集率と対数透過則を図1.2.3に示します。単一繊維捕集率とは粒子が入ると繊維に捕集される領域と気流方向に対する繊維の投影面積の比で表わされ、対数透過則とは、単一繊維捕集効率および繊維層ろ材全体の粒子捕集効率（透過率）との相関関係を示しています。例えば、圧力損失50Pa、粒子透過率10%（捕集効率90%）のろ材を2枚重ねると、ろ材厚みも圧力損失も2倍になるが、粒子透過率は対数で2倍の1%、捕集効率は99%になります。また、繊維充填層が均一の場合、単一繊維捕集効率の最大値は、繊維充填率によって決まる値を超えません。

フィルタの高性能化とは、高い粒子捕集効率, 低い圧力損失, 長い寿命（大きい粉塵保持容量、Dust Holding Capacity, DHC）を併せて達成することです。図1.2.4に示す通り、粒子捕集効率と圧力損失を同時に考慮した性能を評価の指標として、粒子透過率の対数と圧力損失の比がよく用いられます。図中の直線

メカニズム	説明図	ろ過理論の単一繊維捕集効率推定式
ブラウン拡散	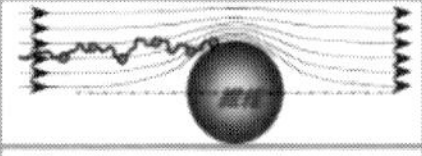	$\eta_D = 2.7 Pe^{-2/3}$
さえぎり	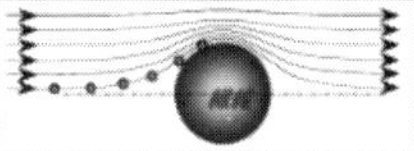	$\eta_R = (2K)^{-1}\{(1+R)^{-1}-(1+R)+2(1+R)\ln(1+R)\}$
慣性衝突	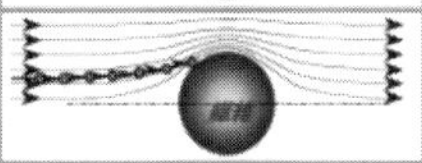	$\eta_I = St^3/(St^3+1.54St^2+1.76)$
重力沈降	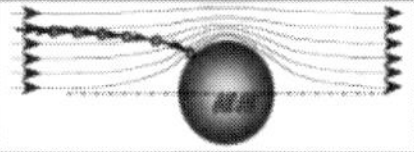	$\eta_G = G/(1+G^2)^{1/2}$
静電気力		$\eta_{In} = 0.54K_f^{0.60}K_{In}^{0.40}$

Re：レイノルズ数流体慣性力／粘性抵抗　　α：充填率繊維体積／充填層体積　　*R*：さえぎりパラメータ粒径／繊維径
Pe：ペクレ数対流量／拡散量　　*St*：ストークス数粒子の慣性力／流体粘性抵抗
G：重力パラメータ粒子の沈降速度／流体代表速度　　*Kin*：静電気パラメータ静電気力／流体粘性抵抗

図1.2.2　粒子捕集のメカニズム
（スリップフロー（すべり流れ）を考慮に入れていない場合）

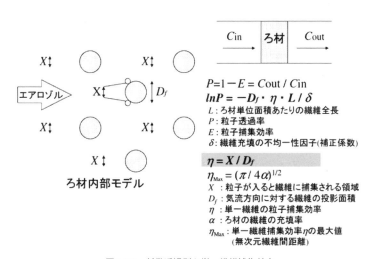

$P = 1 - E = Cout / Cin$

$lnP = -D_f \cdot \eta \cdot L / \delta$

L：ろ材単位面積あたりの繊維全長
P：粒子透過率
E：粒子捕集効率
δ：繊維充填の不均一性因子（補正係数）

$\eta = X / D_f$

$\eta_{Max} = (\pi/4\alpha)^{1/2}$

X：粒子が入ると繊維に捕集される領域
D_f：気流方向に対する繊維の投影面積
η：単一繊維の粒子捕集効率
α：ろ材の繊維の充填率
η_{Max}：単一繊維捕集効率ηの最大値
　　　（無次元繊維間距離）

図1.2.3　対数透過則と単一繊維捕集効率

　の傾きがQ_f値、$Q_f1 > Q_f2$の場合、ろ材1がろ材2より、より低い圧力損失で同じ粒子透過率（捕集効率）を達成できるので、より高性能であると言えます。

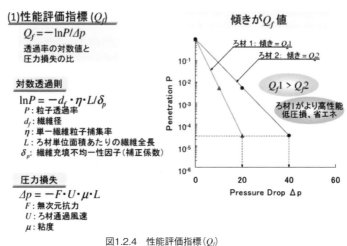

(1)性能評価指標 (Q_f)

$$Q_f = -\ln P/\Delta p$$

透過率の対数値と
圧力損失の比

対数透過則

$$\ln P = -d_f \cdot \eta \cdot L/\delta_p$$

P：粒子透過率
d_f：繊維径
η：単一繊維粒子捕集率
L：ろ材単位面積あたりの繊維全長
δ_p：繊維充填不均一性因子(補正係数)

圧力損失

$$\Delta p = -F \cdot U \cdot \mu \cdot L$$

F：無次元抗力
U：ろ材通過風速
μ：粘度

傾きが Q_f 値

図1.2.4　性能評価指標 (Q_f)

1.2.3　エアフィルタの性能規格

1.2.3-1　国内外規格の概況

　フィルタの性能に関する規格について、グローバルではISO規格を制定、発行されつつも、欧州ではEN規格、米国ではASHRAE規格とIEST規格、中国はCRAA規格 とGB規格があります。各規格において試験粒子や評価方法がそれぞれ異なるため、厳密に対比させることは極めて難しい状況です。日本国内においては、粗塵、中性能フィルタはJIS B 9908、高性能(HEPA・ULPA)フィルタはJIS B 9927、ケミカルフィルタはJIS B 9901が主な規格です。

　JIS規格はISO規格をベースにして改定することが国の方針ですから、日本規格協会 (JSA) の協力の下、日本空気清浄協会 (JACA) を事務局としたJIS改定委員会が発足し、日本の実情も考慮しながら数年の検討を経てJIS規格を改定しています。新JIS B 9908はISO 16890を、新JIS B 9927はISO 29463を、新JIS B 9901はISO 10121をベースにしています。

1.2.3-2　新JIS B 9908の概要と課題

　粗塵・中性能フィルタの試験方法として、国際規格ISO 16890が2016年12月に発行されました。欧州では2017年にISO 16890に移行し、移行期間の後、2018年7月に従来の規格EN779を廃止しISOに完全移行しました。また、米国と中国もISOの導入を検討していますが、業界への衝撃が大きいことから、導入が難航しています。日本ではJIS B 9908がISO 16890をベースに改定し

2019年2月に発行されました。

　新JIS B 9908のポイントは、帯電ろ材を用いたフィルタの帯電量が低下した場合の効率を、実寸大のフィルタで測り、その結果を考慮してカタログや図面にて顧客に示すことと、大気塵での効率のグループ分け（JIS ePMX）になったことで、変更内容は表1.2.1に示す通りです。但し、ISO 16890に比べ新JIS B 9908は粒径のより小さい粒子（JIS8種、日本の大気塵の粒径分布）を使用して、個数濃度ベースの効率の測定および質量濃度ベースの効率への換算を行っているので、ISO 16890より厳しめの評価になっているのが実状であり、今後これが再度業界で議論になる可能性があります。

　新JIS B 9908対応のためには、「実寸大（H610×W610×D950mmまで）のフィルタを除電できる装置」と「粒径0.3〜10μmの範囲で粒径12区分を持つパーティクルカウンタ」を新規導入することが必要であり、ドイツTOPAS製のModel TDC584及びModel LAP-340がそれに該当する装置の一例です。国内外において自ら製作した除電装置で対応している企業もありますが、気流が上手く作れずIPA蒸気を含む空気がフィルタを通過しない、24時間経っても除電されないトラブルも起きています。

　国内のフィルタメーカ各社は新JIS対応を検討しており、JIS改定委員会では、

表1.2.1　従来JISと新JISの比較（変更点）

No.	項目		従来 JIS B 9908：2011			新 JIS B 9908：2019	
1		対象	非帯電フィルタ	帯電フィルタ		非帯電フィルタ	帯電フィルタ
				帯電ろ材カットサンプルで測定		実物大フィルタで測定	
2	除電	除電方法	除電測定はしない	IPA（イソプロピルアルコール）液浸漬法	IPA飽和蒸気暴露法	自然暴露法 又は強制暴露法	
3		概要		液中に 2 分間浸漬し、取り出した後、24 時間大気中で乾燥する	15 〜 30℃の温度下で IPA 飽和蒸気雰囲気に 24 時間以上暴露する	温度 20 〜 30℃環境下で IPA 蒸気に 24 時間以上暴露させる。または、それと同等の効果が得られる方法。	
4	計測	試験粒子	JIS 粉体 11 種（70mg/m³）			JIS 粉体 8 種（70mg/m³）	
		捕集効率評価粒径	0.3 〜 1.0μm の範囲で 2 区分			0.3 〜 10μm の範囲で 12 区分	
5		表記	0.4μm ○%　0.7μm ○%			$J\text{-}ePM_1$ 捕集率　○% [※1]　$J\text{-}ePM_{2.5}$ 捕集率　○%　$J\text{-}ePM_{10}$ 捕集率　○%	

※1　J-ePMは新JISで規定する粒子捕集効率の表記、下付きの数字はμm粒径を示し、これ以下（但し0.3μm以上）の粒子径範囲における捕集効率という意味です。まずは、除電後の最小捕集効率、除電前後の捕集効率で算出した平均捕集効率、および標準の日本の大気塵粒径分布（JIS内に規定）から$J\text{-}ePM_{1,\,min}$および$J\text{-}ePM_1$、$J\text{-}ePM_{2.5,\,min}$および$J\text{-}ePM_{2.5}$、$J\text{-}ePM_{10}$を算出し、次に、$J\text{-}ePM_{1,\,min}$が50%以上99%以下のフィルタはJIS ePM_1グループに、$J\text{-}ePM_{2.5,\,min}$が50%以上のフィルタはJIS $ePM_{2.5}$グループに、$J\text{-}ePM_{10}$が50%以上のフィルタはJIS ePM_{10}グループに、$J\text{-}ePM_{10}$が20%超えて50%未満の場合はJIS Coarse（粗塵）グループに分けられています。

新JIS発行後、評価の信頼性をクロスチェックするため、数社でラウンドロビンテスト（レベル合わせの比較評価試験）を実施する予定です。

また、ISO 16890と新JIS B 9908の問題点も見えてきています。新JIS B 9908では、除電前の初期捕集効率および強制的に加速的に除電した後の最小捕集効率を考慮した平均捕集効率を採用して、フィルタの性能を評価しています。このため帯電ろ材を用いたエレクレットフィルタの性能評価は旧JIS B 9908に比べて厳しくなっています。旧JIS B 9908では除電前の初期捕集効率を採用してフィルタの性能を評価していたので甘くなっていました。

1.2.4　バイオクリーン環境におけるエアフィルタの必要性[2]

医薬品製造施設ではGMP（Good Manufacturing Practice）「医薬品の製造管理及び品質管理に関する基準」による適正な運用が必要とされ、製造施設間の交差汚染防止や薬塵の封じ込め等の高レベルな技術が要求されます。

これら医薬品製造施設のニーズに対応するフィルトレーション技術や豊富な経験による高精度なクリーン環境作りが必要であるため、空調設備用では多風量・省エネフィルタ、製造設備用では耐熱フィルタなど各種のフィルタが必要であります。それらフィルタを内蔵したクリーン機器は、HEPA吹き出し口ユニットを初め、製造施設用機器から特殊機器まで、また、安心・安全な商品を開発・製造するためのハイレベルな分析・評価装置も多数必要であり、さらに専門技術者によるクリーン環境評価などでGMP認定製造施設の環境作りが必要になります。

粗塵からHEPAまで各種フィルタがあり、外気処理用、空調設備用から生産装置用まで顧客の使用方法に合わせた最適なフィルタの選定が必要です。

1.2.4-1　日本のGMPの基準

医薬品が「安全」に製造され「一定の品質」が保たれるように、GMPでは、原料の受け入れ検査・保管から、最終製品の品質検査まで作業のマニュアル化と記録の保管が義務付けられています。GMPはソフトとハードの両面から構成され、このGMPを順守することにより高い品質と安全性が確保されています。

GMPが規定する医薬品の製造環境は、4つのグレード（A～D）に分類され、それぞれ作業時と非作業時の最大許容微粒子数（対象粒子0.5μm粒子数）、空中微生物数、表面付着微生物数などを規定しています。

表1.2.2　医薬品製造のための空気清浄度（厚生労働省　日本薬局方16改正）

清浄度レベル グレード カッコ内は区域	最大許容微粒子数 カッコ内は ISO 14644-1 清浄度クラス		空中微生物数		表面付着微生物数	
	非作業時 0.5μm 以上	作業時 0.5μm 以上	数 （CFU/m³）	最少空気 採取量 （m³）	機器・設備 （CFU/24 ～ 30m²）	手袋 （5 指をプレー トに押す） （CFU/24 ～ 30m²）
グレードA （層流作業区域）	3,530 （クラス 5）	3,530 （クラス 5）	＜ 1	0.5	＜ 1	＜ 1
グレードB （非層流作業区域）	3,530 （クラス 5）	353,000 （クラス 7）	10	0.5	5	5
グレードC （非層流作業区域）	353,000 （クラス 7）	3,530,000 （クラス 8）	100	0.2	25	－
グレードD （非層流作業区域）	3,530,000 （クラス 8）	－	200	0.2	50	－

CFU：（colony forming unit）　菌集落

1.2.4-2　製剤形状および製造装置

　製薬は形状より固形製剤（半固形も含む）と液体製剤の２つに分類され、また製薬製造施設は、「経口製剤製造施設」と「無菌製剤製造施設」に分けられます。「経口製剤製造施設」は、グレードC～Dと比較的低グレードで、一方「無菌製剤製造施設」は体内に直接投与される薬剤のため、高清浄度が要求されてグレードAとなります。また人と物の動線を考慮しながら清浄度別ゾーニングを行い、グレードの高いエリアを清浄度の低いエリアで取り囲むようにゾーニングしています。グレードA、B、CではHEPAフィルタ、グレードDでは中性能フィルタが使用されています。製薬工場の空調システムは、各室の機能や用途により設計・施工されています。一般的に、「無菌製剤製造施設」での充填部や凍結乾燥機部は一方向流方式が採用され、「経口製剤製造施設」は非一方向流方式が採用されています、エアーハンドリングユニット（AHU）にて調温調湿された空気が各室内に送られて、HEPA吹出口から非一方向流方式にて吹出され、あ

図1.2.5　製剤形状および製造装置

るいは製造ライン上にクリーンブース等を設置する場合もあります。耐熱フィルタは、容器の殺菌装置や乾燥ラインの内蔵フィルタに幅広く利用されています。また、ゾーニングによるクリーン化で製造施設間の交差汚染や異物混入防止も行っています。「無菌製剤施設」はHEPAを設置し、「高活性製剤施設」では作業者の吸引や排気から外部流出を防ぐため、封じ込めが必要であります。ガラス製のアンプルやシリンジなどの容器は、薬品を入れる前に滅菌処理を行い、「滅菌炉」には、高温に耐え、発塵の少ないHEPAが必要で、特殊ガラス繊維を使用した強固な構造を有する耐熱フィルタが使用されています。

　医薬品製造環境に関しては次の2章1節でも詳述しています。

1.2.5　化学物質の少ない粗塵フィルタ

　近年、CO_2排出量の削減、有害な化学物質ならびに廃棄物の削減などへのニーズが高まるにつれて、多くの分野において環境配慮製品が採用されるようになってきました。エアフィルタ単体でのLCCO_2評価によれば、製作、廃棄のステージよりも、使用のステージでのCO_2発生量が、約90%と大部分を占める計算になっています[1]。従って、使用ステージでのCO_2排出量低減が重要であり、これを達成するためには、圧力損失の低いエアフィルタを開発することで、ファンの駆動に費やす電気エネルギを削減することが有効な手段です。また、国内ではビル管理法、海外ではEUのRoHS指令への適合を求められてきており、エアフィルタ構成材料の含有化学物質の削減は、環境への負荷軽減に貢献できます。これまで、エアフィルタの圧力損失低減や含有化学物質削減という観点で開発された、より環境に優しいエアフィルタ、化学物質の少ない粗塵フィルタ、省エネのための低圧力損失の中性能フィルタとHEPAフィルタを以下に紹介します。併せて、耐熱フィルタ、微生物対策フィルタ、防虫フィルタ、人工呼吸器用フィルタも紹介します。

　一般に、有機繊維から構成される粗塵フィルタは、繊維同士の結合と難燃性付与の目的で使用しているバインダなどに、塩素・臭素化合物が含まれる場合があり、また、洗浄して再生する仕様の場合には堅牢性を高める目的で一般に使用されているメラミン樹脂からも、ホルムアルデヒドが発生する場合があります。図1.2.6と表1.2.3に示す粗塵フィルタは、塩素・臭素化合物、ホルムアルデヒドを含有するバインダなどを使用しない特殊な製法を採用しているため、含有化学物質の削減を達成したものになっています。また、余分なバインダを使わずに、特殊有機繊維を採用しているため、従来品に比べ20〜40%の軽量化を達成しているので廃棄物量も削減することが可能です。なお、パネル

タイプは、従来品と同様、使用後水洗い(ホース等で水をかける)等により、数回繰り返し使用できるので、ビル空調、外気処理(パネルタイプ)にも有効です。

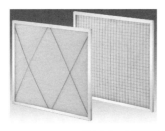

図1.2.6　化学物質の少ない粗塵フィルタの外観

表1.2.3　化学物質の少ない粗塵フィルタの仕様

項　　　目		パネルタイプ		ロールタイプ
形　　　式		DS600	DS400	DSR-340R
目　付　(g/m²) ※1		360	260	280
風　速　(m/s)		2.5		2.5
圧力損失 (Pa) ※2	初期	88	59	59
	最終	196		
捕集効率(%) ※2 (質量法)		82	76	85
ろ材構成		特殊有機繊維		
洗浄再生		可		不可
ホルムアルデヒド	溶出量 ※3	N.D.		
	放散速度 ※4	N.D.		
塩素・臭素化合物 含有量 ※5		N.D.		
鉛、水銀、カドミウム、 6価クロム含有量 ※5		N.D.		
難燃性(JACA法) ※6		クラス3		

※1: 従来品 DS600(目付 600g/m²)、DS400(目付 400g/m²)、DSR-340R(340g/m²)に対して、
　　開発品 DS600、DS400、DSR-340R はそれぞれ約 40% 減、40% 減、20% 減と軽量化達成
※2: JIS B 9908 形式 3(ASHRAE 粉体)
※3: JIS L 1041 A(アセチルアセトン法)、検出限界:16ppm
※4: JIS A 1901(小型チャンバ法)、検出限界:1μg/m²h
※5: XRF(蛍光 X 線分析装置)、EDX(エネルギ分散型 X 線分析装置)による塩素・臭素の検出限界:
　　150ppm　鉛、水銀、カドミウム、6価クロムの検出限界:50ppm
※6: JACA No.11A

1.2.6　低圧力損失中性能フィルタ

　図1.2.7と表1.2.4に示す低圧損中性能フィルタは、ろ材にドット状のエンボス加工を施しプリーツ間隔を保持させることで、フィルタ構造分圧損を大幅に下げ、かつろ材の有効面積を増やしたため、低圧力損失・長寿命を実現しています。従来品に比べ約25～50Paの初期圧損低減を実現し、従来品の最終圧損（寿命）まで使用した場合、消費電力量とCO_2排出量を約50%削減できます（試算の1例）。奥行150mmの薄型で70m³/minでも使用できるため、空調機のコンパクト化にも対応し、非帯電タイプは使用時の捕集効率の安定性が高いため産業空調の外気処理での使用が推奨されます。

図1.2.7　低圧力損失中性能フィルタの外観

表1.2.4　低圧力損失中性能フィルタの仕様

型式	寸法（mm）	定格風量	圧力損失	捕集効率（%）					
				JISB9908（2011）		JISB9908（2019）			ASHRAE52.2（2012, 2017）
	縦 × 横 × 奥行	（m³/min）	（Pa）	0.4μm	0.7μm	JIS ePM1	JIS ePM2.5	JIS ePM10	
LMXL-70-95	610×610×150	70（56）	150（110）	85	95	評価中	評価中	評価中	MERV14
LMXL-70-90			135（100）	80	90	—	評価中	評価中	MERV13
LMXL-70-65			110（75）	55	65	—	—	評価中	MERV8

※1：最終圧損は294Pa。　　※2：質量は4.5kg（シールタイプ）

　今後、フィルタメーカに対する環境配慮への要求が益々厳しくなり、環境配慮製品が一段と普及されることが予想されます。また、省エネニーズが高まる中、エアフィルタの更なる低圧力損失化において、ナノファイバが注目されて

います。ナノファイバの主な製法を調査したので結果を表1.2.5に示します。

表1.2.5　ナノファイバの主な製法

項目	メルトブローン	火炎法	延伸法	静電紡糸法
製法（イメージ）				
繊維形態	短繊維	短繊維	長繊維	長繊維
原料	ポリプロピレン他	ガラス	フッ素樹脂	ナイロン、ポリアクリロニトリル他
繊維直径(nm)	250〜1000	250〜1000	50〜250	50〜250
帯電	無	無	無	有
洗浄	不可（短繊維で強度不足）	不可（短繊維で強度不足）	可	不可（高強度繊維できず）
特徴	①リーズナブル②寿命が長い	①最も安価（最も普及）②寿命が長い	①圧損が低い②寿命が長い（繊維の重なりを解消すべく改良）	①圧損が低い
課題	①繊維微細化に限界（コストなど）	①繊維の微細化に限界（コストなど）	①コストが高い（量産できたが、応用展開に余地あり）	①量産できていない②寿命が短い（繊維が重なるため）③帯電で使用中効率低下

1.2.7　低圧力損失 HEPA フィルタ

　繊維径をナノスケール化することにより、粒子捕集を促進でき、同時に圧力損失低減効果が引き出せるため、市販のガラス繊維では達成できない省エネエアフィルタ用ろ材が実現できます。しかし、現在実用化されているナノファイバである従来のPTFE（Poly Tetra Fluoro Ethylene）ろ材[3]〜[4]は、圧力損失がガラス繊維ろ材の約半分であるが、保塵量が足りず寿命が長くないため、半導体製造装置、クリーンルーム（CR）天井FFU（Fan Filter Unit）など、限定されたクリーンな環境だけにおいて、省エネニーズの対応に活用されていました。従来のPTFEろ材の粒子捕集層が高密度で比較的薄いため、粒子が表面濾過により捕集されるので目詰まりが早く、このことが、保塵量不足（長くない寿命）の原因であり、PTFEろ材を含めたナノファイバろ材の用途展開を図っていく上での主な障害となっています。

　そこで、従来のPTFEろ材のメリットである低圧損を生かしつつ、ナノファイバろ材の共通課題である保塵量不足（長くない寿命）という問題を解決するためには、低密度の厚膜構造を持つ、深層でろ過するナノファイバろ材が有効と

考えられ、検討を進めることで、フッ素樹脂を素材とする深層ろ過ナノファイバろ材が開発されました[5]〜[9]。ここでは、深層ろ過ナノファイバろ材について説明し、このろ材で製作したフィルタの性能評価結果を抜粋して紹介します。

1.2.7-1　深層ろ過ナノファイバろ材

(a)　ろ材の構造

広島大学、金沢大学を中心とした研究グループはこれまで、ラボレベルでのナノファイバ研究に基づき、数珠状のビーズドファイバろ材(BF)、粒子／ファイバ複合ろ材(CF)など、繊維間隔をビーズであけられた構造の方が、ナノファイバの構造最適化において目指すべき方向であるとしています[10]。

そこで、このラボレベルでの研究結果を、PTFEろ材の長寿命化のための構造改良に応用して、通常のPTFE原料に「非繊維化成分」と「その他の成分」を添加することで、延伸工程で繊維化しない「節」をあえて残し、繊維間隔が大きい嵩だかな構造(低密度の厚膜構造)を持つビーズドナノファイバろ材、つまり深層濾過ナノファイバろ材を開発し、低圧損と長寿命の両立を目指しました。

(b)　ろ材の物性

深層ろ過ナノファイバろ材の厚み、繊維径、目付などの物性を、表1.2.6にまとめました。

表1.2.6　深層ろ過ナノファイバろ材の仕様

項目	(a) PTFEろ材	(b) 深層ろ過ナノファイバろ材 (フッ素樹脂)	(c) ガラス繊維ろ材
SEM画像			
繊維径(nm)	20〜120	50〜150	450〜500
繊維充填率 (-)	0.1	0.06	0.07
捕集効率 (%)※1	≧99.99	≧99.99	≧99.97
圧力損失 (Pa)	約150	約150	約300
厚み (μm)	5〜15	80〜150	350〜500
目付(g/m²)	1〜2	10〜20	65〜85
粒子捕集メカニズム (断面図)	表面ろ過 (短寿命)	深層ろ過 (長寿命)	深層ろ過 (長寿命)

※1：粒径：0.3μm, ろ材通過風速：5.3cm/s

(c)　ろ材の性能

ろ材の粒子捕集効率の測定方法としては、最新鋭のTSI3160を使用しました。深層ろ過ナノファイバろ材の最大透過粒子径（MPPS）を図1.2.8に示します。従来PTFEろ材と深層ろ過ナノファイバろ材がガラスろ材よりMPPSが小さくなっています。ろ過理論[1]によると、これはPTFEろ材と深層ろ過ナノファイバろ材の繊維径がガラスろ材のそれよりより細いため、さえぎりによる効率増大効果が拡散のより大きいことが原因であります。

1.2.7-2　深層ろ過ナノファイバフィルタ

(a)　フィルタの圧力損失および捕集効率

深層ろ過ナノファイバろ材をエンボス加工技術で製作したフィルタ（寸法H610×W610×D150mm）を対象とし、JIS規格準拠の試験ダクトにおいて、圧力損失は風量を変えて測定を行い、その結果を図1.2.9に示します。なお、捕集効率は風量28m³/minにて測定し、試験粒子はコロイダルシリカを使用しました。

捕集効率の結果は紙面の制限で割愛しますが、ガラス繊維ろ材フィルタに比べると、圧力損失が低く、捕集効率が高い結果が得られました。ろ過理論[1]によると、繊維径が細くなれば、単一繊維捕集効率が高くなることから、ナノファ

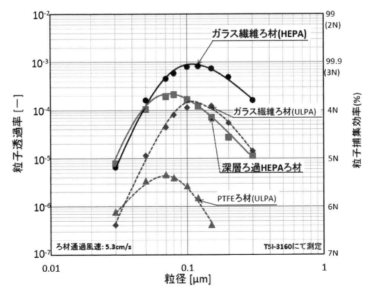

図1.2.8　深層ろ過ナノファイバろ材の最大透過粒子径（MPPS）

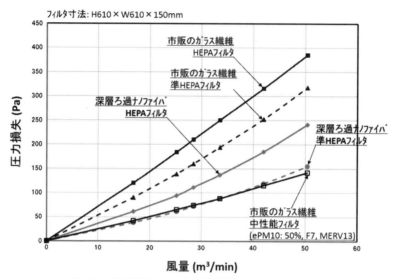

図1.2.9　深層ろ過ナノファイバろ材使用のフィルタの圧力損失

イバは、より少ない繊維量で同じ捕集効率を達成できるため、高効率かつ低圧損、つまり高性能を達成できています。

　ろ材として最新の深層ろ過ナノファイバろ材を用いて、フィルタの加工技術として最新のエンボス加工も併用して、最も高性能なフィルタを製作してみた結果、圧力損失が中性能フィルタ並みのHEPAフィルタと準HEPAフィルタが実現できました。これは、空調システムの改良やファンのグレードアップをせずに、既設の中性能フィルタとの置き換えだけで、より良い空気質制御が可能であることを意味し、このため、省エネだけではなく、感染症対策、飛散や漏洩事故の二次被害防止など、緊急時の対応にも使用できるフィルタであることが分かります。

　(b)　フィルタの寿命(大気塵負荷)

　実証試験ダクトを用いて風量56m³/minにて、低圧損の深層ろ過ナノファイバろ材を用いて製作したHEPAフィルタを、同じろ材面積の市販ガラスろ材を用いて製作したHEPAフィルタを並べて同時に、大気塵負荷試験を行いました。試験条件、試験結果を合わせて図1.2.10に示します。2年近くでの試験期間において大気塵負荷で圧力損失の経時変化を確認した結果、深層ろ過ナノファイバろ材使用のHEPAフィルタが、ガラスろ材使用のHEPAフィルタとほぼ同様

No.	項目	粗じん(プレ)フィルタ	中性能フィルタ	市販のガラス繊維ろ材 HEPAフィルタ	従来のPTFEろ材HEPAフィルタ	深層ろ過ナノファイバ HEPAフィルタ
1	形状	パネル	セパレータ	セパレータ		
2	寸法(mm)	H610×W610×D20	H610×W610×290	H610×W610×290		
3	圧力損失(Pa)	88	127	313	176	230
4	捕集効率※2	G3(MERV5-6)	F8(MERV14)	H13	H13	H13

風量：56m³/min　フィルタろ材面積：28m²/台

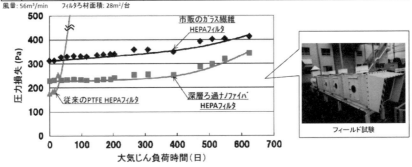

図1.2.10　深層ろ過ナノファイバろ材使用のフィルタの大気塵負荷時の圧力損失の経時変化

な圧損上昇傾向を示すことが確認できました。

(c)　フィルタの寿命(PAO(ポリアルファオレフィン)バリデーション)

PAOバリデーションが行われる製薬業界においても、深層ろ過ナノファイバろ材使用のHEPAフィルタが省エネフィルタとして使用できる可能性があるか検討するために、PAOバリデーションの条件を想定してシミュレーションした結果を表1.2.7に示します。10年間のPAOバリデーション条件を想定しPAO負荷総量をシミュレーションし、深層ろ過ナノファイバろ材のPAO保持容量と比較した結果、パーティクルカウンタを使った低濃度のPAOバリデーションにおいては、PAO負荷総量がPAO保持容量より2桁小さいため、十分安全に使用できることがわかりました。但し、主に安全キャビネット内のHEPAを対象とした、フォトメータを使った高濃度のPAOバリデーションにおいては、PAO負荷総量がPAO保持容量と同じ桁の値を示しておりあまり余裕が無いことも、このシミュレーションでわかったため、安全キャビネット内のHEPAとして使用する場合には、フィルタの厚み、風量などを十分に検討して安全に設計する必要があります。

(d)　フィルタの省エネ効果試算

フィルタ使用時の消費電力量は、一般に、式(7)より与えられます。

$$W = Q \times \Delta P \times T / (\eta \times 1000) \quad \cdots (7)$$

ここで、Wはフィルタ1台あたりの年間消費電力量（kWh/yr・pcs）。Qは処

表1.2.7　深層ろ過ナノファイバろ材使用のフィルタのＰＡＯ耐性

No.	項目		ケース1	ケース2	ケース3	ケース4
1	フィルタ寸法	mm	H610 W610 D37	H610 W610 D98	H610 W610 D37	H610 W610 D98
2	試験装置	-	パーティクルカウンタ		フォトメータ	
3	PAO負荷濃度	mg/m^3	0.4		40	
4	試験風量	m^3/min	7	10	7	10
5	10年間使用での PAO負荷総量	g/10年	0.8	1.2	84	120
6	ろ材面積	m^2/台	7.0	17.3	7.0	17.3
7	10年間使用での ろ材平米あたりのPAO 負荷総量	g/m^2·10年	**0.1**	**0.1**	12.1	6.9
8	ろ材平米あたりのPAO 保持できる容量	g/m^2	**20**			

PAO 負荷の時間: 15分/回; PAO 負荷の頻度: 2回/年

理風量（m^3/s）。ΔPは平均圧損（Pa）で初期から最終まで５点以上を平均した圧力損失。Tは年間運転時間（h/yr）で24h/dayで365day/yrの場合8,760h/yrとなり、ηはファン効率で50%としています。

　例えば、寸法H610×W610×D150mm、処理風量28m^3/minのエンボス形深層ろ過ナノファイバHEPAフィルタを対象とし、深層ろ過ナノファイバろ材HEPAとガラスろ材HEPAの寿命が同じである場合、その圧力損失の違いから、フィルタ１台あたりの年間消費電力量の差は、下記の通り簡易的に試算でき、その結果を表1.2.8に示します。

$$消費電力量（kWh/yr·pcs）= Q（28m^3/min）× ΔP（352, 205Pa）$$
$$× T（8,760h/yr）/（0.5×1000×60） \quad\quad ···(8)$$

　表1.2.9に示す深層ろ過ナノファイバろ材を使用した、EN1822適合のH14グレードHEPAフィルタも、開発されています。海外では最近、大手ろ材メーカとフィルタメーカの連携により、新たにナイロンナノファイバも開発されています。但し、深層ろ過できる低密度高膜厚の内部構造はまだ作り出せておらず、繊維径の異なる太い繊維層をプレ層として複数、芯材のナノファイバの前段に貼り合せて長寿命化を図っているが、ナノファイバの低圧損というメリットをプレ層で目減りさせていると共に、プレ層の貼り合せ加工工程も必要になるのでコストも高いとされています。

表1.2.8　深層ろ過ナノファイバろ材使用のエンボス形HEPAフィルタの性能

	項目		A社品	B社品	従来品	深層ろ過ナノファイバ HEPAフィルタ
1	形式		-	-	ATMC-28	BFMD-28
2	ろ材		ガラス		ガラス	フッ素樹脂
3	フィルタ構造		セパレータ	エンボス	セパレータ	エンボス
4	寸法 (mm)		610×610×150		610×610×150	
5	製品外観					
6	風量(m³/min)		28	32	28	28/(32)
7	圧力損失 (Pa)	初期	≤249	200±20	≤249	≤115/(130)
		最終	498	500	498	364
8	粒子捕集率 (%)		99.99(at 0.3μm)		99.99(at 0.3μm)	
9	寿命比(-)		1		1	
10	消費電力削減費 (JPY/yr, pcs)		–	–		30k

　低密度および厚膜化により、表面ろ過から深層ろ過に改良することで、ナノファイバろ材の長寿命化を実現しました。PTFEろ材並みの低圧損およびガラスろ材並みの長寿命を両立させることで、より良い省エネHEPAフィルタを実現できました。ナノファイバろ材使用のHEPAフィルタの用途を、半導体製造装置、CR天井FFU等の「クリーンな環境」から、空調設備、クリーン機器、エアサプライユニット等の「一般環境」へと拡大することが可能となり、ナノファイバろ材使用のHEPAフィルタの適用範囲が広がったことで、ナノファイバという新技術の実用化を加速できます。

表1.2.9　深層ろ過ナノファイバろ材使用のミニプリーツ形HEPAフィルタ（H14）の性能

	項目		A社品	B社品	従来品	深層ろ過ナノファイバ HEPAフィルタ
1	形式		−	−	H14L-10-E41	H14LP-10-E41
2	ろ材	材質	ガラス繊維	ナイロン ナノファイバ	ガラス繊維	フッ素樹脂 ナノファイバ
		圧力損失(Pa) at 5.3cm/s	360	240	345	150
3	フィルタ構造		ミニプリーツ	ミニプリーツ	ミニプリーツ	ミニプリーツ
4	寸法(mm)		610×610×68	610×610×66	610×610×65	610×610×65
5	製品外観					
6	風量 (m³/min)		10	10	10	10
7	圧力損失 (Pa)		**120**	**90**	**120**	<u>**60**</u>
8	粒子捕集率 (%) at MPPS, 0.1-0.2μm		99.995	99.995	99.995	<u>99.995</u>
9	寿命比 (-)		1	1	1	1

1.2.8　その他のエアフィルタ

1.2.8-1　耐熱フィルタ

　滅菌トンネルや乾燥ラインに使用する耐熱フィルタは、材料と構造を高温下での使用に耐えられるように、試行錯誤を繰り返して工夫を重ねたフィルタであり、大きく温度区分を分けて180℃、250℃、350℃までがあります。

350℃タイプ　　　　　250℃タイプ　　　　　180℃タイプ

図1.2.11　耐熱HEPAフィルタの外観例

表 1.2.10　耐熱HEPAフィルタの仕様例

温度タイプ	使用温度		型式	計数法（％）	EN 規格※1	一般用途
	常時	最高（1h）				
400℃	350℃	400℃	ATMV	99.97	H13	
			ATMCU	99.99	H13	
			H14CU-CS	99.995（MPPS）	H14	クリーンオーブン
250℃	250℃	250℃	ATMH	99.97	H13	乾燥ライン
			ATMCH	99.97	H13	滅菌ライン
			ATMCH-SL	99.97	H13	
180℃	150℃	180℃	ATME	99.97	H13	
			ATMCE	99.97	H13	

※1 EN1822 規格での相当効率

1.2.8-2　微生物対策フィルタ

市販されている殺菌酵素フィルタの写真を下記に示します。

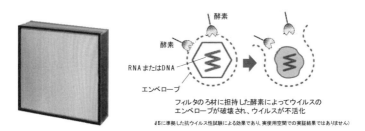

図1.2.12　微生物対策フィルタの一例（殺菌酵素フィルタ）

1.2.8-3　防虫フィルタ

防虫フィルタの一例を図1.2.13に示します。

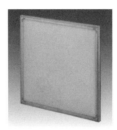

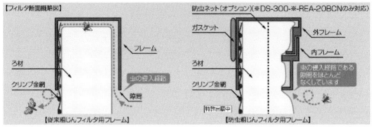

図1.2.13　防虫フィルタの一例

1.2.8-4　人工呼吸器用フィルタ

人工呼吸器用フィルタの一例を図1.2.14に示します。

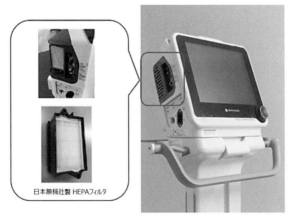

図1.2.14　人工呼吸器用フィルタの外観例

＜参考文献＞

⑴　A. A. Kirsch and I. B. Stechkina, Fundamentals of Aerosol Science, D. T. Shaw, ed., John Wiley & Sons, New York(1978) 165-256

⑵　日本無機の医薬品製造施設用カタログ，（2018）

⑶　M. W. Osborne, L. Gail, P. Ruiter, and H. Hemel, Applied Membrane Air Filtration Technology for Best Energy Savings and Enhanced Performance of Critical Processes, Proceedings of ISCC 2012, Zurich

⑷　O. Tanaka, Y. Shibuya, H. Aomi, S. Tamaru, Technical revolution by ultra-high performance PTFE air filter, Proceedings of ISCC 2000, Copenhagen

⑸　L. Bao, Y. Shibuya, H. Niinuma, M. W. Osborne, Y. Otani, K. Okuyama, et al., Investigation of HEPA filter media for energy saving, Proceedings of 30th Annual Meeting of Japan Air Cleaning Association, (2013) Tokyo 125-126

⑹　L. Bao, H. Kiyotani, Y. Shibuya, H. Niinuma, et al., Performance Evaluation of Energy Saving New Fluororesin HEPA Filter Media, Proceedings of BUEE 2013 (The 11th International Symposium on Building and Urban Environmental Engineering), Taipei

⑺　L. Bao, K. Seki, M. Kobayashi, H. Kiyotani, Y. Otani, K. Okuyama, et al., Experimental Verification of Slip Flow in Nanofiber Filter Media, Proceedings of 31th Annual Meeting of Japan Air Cleaning Association, (2014) Tokyo 169-171

⑻　L. Bao, M. Kobayashi, Hideki Aomi, Y. Otani, K. Okuyama, et al., Performance Evaluation of the HEPA Filter Made of Depth Filtration Nanofiber Media, Proceedings of 32th Annual Meeting of Japan Air Cleaning Association, (2015) Tokyo 90-93

⑼　L. Bao, Makoto Kobayashi：Performance and Merits of Depth Filtration Nanofiber Media and Filter which are Effective for Energy-saving, Clean Technology, p.16-20 (2016)

⑽　L. Bao, H. Niinuma, A. Kakitani, K. Okuyama, Y. Otani, Influence of Internal Structure of Nanofibrous Filter Media on Particle Collection Performance, Proceedings of ISCC 2010, Tokyo

第2章

BCR を必要とする施設

2.1　製薬工場

2.1.1　概要

　我々が生活していくうえで、医薬品は生命の維持をはじめ、健康の維持促進を図るものとして必須なものとなっています。その医薬品は周知の通り、経口摂取するような内用剤や直接体内に投与される注射剤、また皮膚などの患部に直接用いる外用剤などがあり、これら医薬品が最終的に製品として正しく機能を発揮するためには、製造環境を正しく計画・設計・施工・管理していくことが求められます。

　本節では、製薬工場の製造環境を整える上で重要な項目の一つとなる、クリーンルームを中心に空気調和設備（以下 空調設備）における設計のポイントを以下に述べます。

2.1.1-1　医薬品の定義と分類

　医薬品には様々なものが存在し、「医薬品、医療機器等の品質、有効性及び安全性の確保等に関する法律(医薬品医療機器法や薬機法と略される、2014年薬事法改正に伴い「薬事法」自体の名称変更)」に定義や分類が記載[1]されています。表2.1.1に定義を示します。

　これら条文には、行政上の取扱いによる分類（例えば薬局医薬品、要指導医薬品、一般用医薬品など）がなされていますが、製造プロセスを考慮すると、工場としては原薬工場と製剤工場に大別され、さらに非無菌と無菌に分類されます（図2.1.1）。

表2.1.1　医薬品の定義[1]

	第2条1項（原文一部修正）
一	日本薬局方に収められている物
二	人又は動物の疾病の診断、治療又は予防に使用されることが目的とされている物であって、機械器具等（機械器具、歯科材料、医療用品、衛生用品並びにプログラム及びこれを記録した記録媒体）、医薬部外品及び再生医療等製品でないもの。
三	人又は動物の身体の構造又は機能に影響を及ぼすことが目的とされている物であって、機械器具等、医薬部外品、化粧品及び再生医療等製品でないもの。

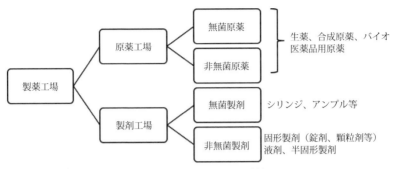

図2.1.1　製薬工場の分類[2][3]

2.1.1-2　製薬工場における法規類

　医薬品を製造する環境を構築・運営していくなかで、医薬品の安全性はもちろんのこと、品質や有効性を確保するためGMP（Good Manufacturing Practice）に適合することが要求されます。GMPの目的[4]には「人的ミスを最小限にする」「製品の汚染および品質低下の防止」「高度な品質を保証するシステムの構築」という基本的な３項目があり、製薬工場を構築・運営していく際には、これらを基本原則としてハード的な対応とソフト的な対応を行う必要があります。

　また医薬品の製造販売を行っていくには、その国での許認可が必要となります[5]。そのため製薬工場の建設場所や製造品目に応じて、各国のGMPに適合することが求められます。例えば米国に輸出する場合は、米国のcGMPへの適合が必要となりますし、欧州であればEU GMPへの適合が必要となってきます。これらcGMPとEU GMPおよび日本のJGMPを合わせて３極GMPと呼ばれており、グローバル化が進むなかでは国内においても３極GMPへの対応が求められています。そのような状況のなか、地域間で審査基準が異なると非常に非効率なため、ICH（International Conference on Harmonization of Technical Requirements for Registration of Pharmaceuticals for Human Use；日米EU医薬品規制調和国際会議）において、GMP基準の共通化等を図るためのガイドラインが作成されています。ガイドラインが合意されると、各国で必要な措置が取られるわけですが、日本では厚生労働省から通知されますので、常に最新の情報取得に努める必要があります。製薬工場に関わる代表的な法規類の一覧を表2.1.2に示します。

表2.1.2　関連する代表的な法規・指針・規格類

項目	名称（または参照場所）
GMP 関連	
・WHO	http：//digicollection.org/whoqapharm/p/about/
・cGMP	CFR（Code of Federal Regulations）21（Food and Drugs） ・Part210 Current Good Manufacturing Practice for Finished Pharmaceuticals in Manufacturing, Processing, Packing, or Holding of Drugs; General ・Part211 Current Good Manufacturing Practice for Finished Pharmaceuticals
・EU GMP	・EU GMP
・JGMP	・薬局等構造設備規則 ・医薬品及び医薬部外品の製造管理及び品質管理の基準に関する省令
・PIC/S　GMP	・Guide to GMP for Medical Product ※PIC/S：医薬品査察協定及び医薬品査察共同スキーム
指針類	
・日本	・医薬品及び医薬部外品の製造管理及び品質管理の基準に関する省令の取扱いについて ・無菌操作法による無菌医薬品の製造に関する指針 ・最終滅菌法による無菌医薬品の製造に関する指針 ・「PIC/S の GMP ガイドラインを活用する際の考え方について」（事務連絡）
・ICH	・Q1 ～ Q14 ・Q7 GMP（医薬品の製造管理および品質管理に関する基準） 　→厚労省通知：医薬発第 1200 号「原薬 GMP のガイドライン」
規格	
・ISO	・ISO 14644-1 part1 part2 ・ISO 14644-3

2.1.1-3　製造工程事例

　医薬品の製造工程においては、無菌製剤を作る工程とそれ以外（非無菌製剤を作る工程）に大別できます。無菌製剤工程ではさらに最終滅菌法による製造と無菌操作法による製造に分類でき、高度な管理が必要とされています。図2.1.2に無菌製造工程の例、図2.1.3に非無菌製造工程の例を示します。

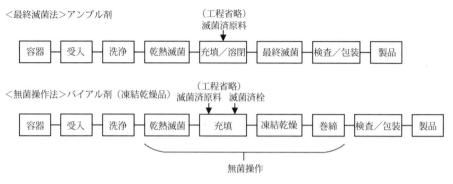

図2.1.2　無菌製造工程例（文献5を元に作成）

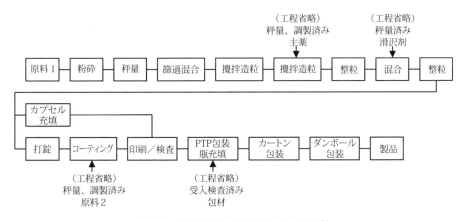

図2.1.3　非無菌製造工程例（文献5を元に作成）

2.1.1-4　負荷特性

(a)　取り入れ外気量

外気量は一般的に送風量の20〜50％とされています[6]。局所排気量（洗瓶機・アンプル洗浄機などからの水分排出、打錠機・混合機などからの粉塵排出）や差圧を維持するための加圧分に見合う量が必要量となりますが、抗生物質を扱うような系統では全外気方式（外気量100％）になる場合が多い[6]とされています。

(b)　生産機器に関わる負荷

一般的には冬季でも冷房負荷になる場合がありますが、生産機器に関わる負荷は生産スケジュールに大きく依存するため、低負荷運転も考慮する必要があります。計画の際には工場の製造および施設部門と十分に協議する必要があります。

2.1.2　設計条件

空調設備の要件としては、温湿度、清浄度、換気回数、風量、風速、気流（風向）、室圧・室間差圧などがあります。これら各項目は、工場内の各工程に求められるグレード（下記の(2)清浄度の項参照）に従って規定されます。各項目について、一般的な条件を以下に示します。

なお、常時モニタリングすることが多い温湿度、清浄度、室圧（室間差圧）については、設計値（目標値）・許容値（運営に問題なし）・アラートレベル（原因究明および改善要求）・アクションレベル（運営中止）を明確にすることが望ま

れます。ただし、アラートレベルとアクションレベルの設定は特に難しく、クリーンルーム使用者（医薬品製造会社）との綿密な協議が必要となります。ISO 14644-1 Part2（もしくは JIS B 9920-2）に清浄度および差圧のモニタリングについて、前述した内容に言及した記載がありますので参考にして下さい。

2.1.2-1　温湿度

製薬工場における温湿度は、通常快適な作業が行える温度で良い[6]とされています。しかし、原料・資材や製品の特性によっては、厳しい温湿度条件を満たす必要があります。表2.1.3に無菌製剤製造における清浄度区分と温湿度の例を示します。

無菌製剤のグレードA～Cでは、プロセス要求に応じた温度設定で、尚且つ作業者が発汗しない温湿度設定とされています。グレードD～Gでは作業者の快適性と結露防止を目的とした温湿度設定とされています。更に考慮が必要な内容としては下記1）～4）となります。

1）　粉体ハンドリング（吸湿性、静電気）
2）　オープン／クローズド系操作の有無
3）　蒸気発生の有無
4）　可燃性ガス・粉塵（防爆対応）

表2.1.3　清浄度区分と温湿度例（文献9より一部抜粋）

清浄度区分（グレード）	最大許容浮遊微粒子数 粒径 0.5µm 以上 （個 /m³）		温度・相対湿度	一般的な適用（無菌ろ過製剤の場合）
	作業時	非作業時		
A	3,520（一方向流）	3,520（一方向流）	プロセス要求に応じて設定 製造作業を行っても発汗しない	充填、凍結機ローディング部、容器・中間製品の無菌搬送、オートクレーブの取り出し
B	352,000	3,520	プロセス要求に応じて設定 製造作業を行っても発汗しない	グレード A のバックグラウンド
C	3,520,000	352,000	プロセス要求に応じて設定 製造作業を行っても発汗しない	ひょう量、液剤調整、容器洗浄、サンプリング
D	必要に応じて規定	3,520,000	製造作業に支障がない 結露しない	
E	規定なし	規定なし	作業に支障がない 結露しない	検査、包装、資材の開梱、中間製品の保管
F	規定なし	規定なし	作業に支障がない 結露しない	製造管理室、事務室
G	規定なし	規定なし	作業に支障がない 結露しない	休憩室、トイレ、空調機械室

注）グレード A ～ D の清浄度区分は EU、JP、WHO の清浄度区分に相当する

　前述したように、一般的には作業者の為の快適な温度で良く、通常25℃前後としています。クリーンスーツを着用する工程では、作業者の発汗による汚染を防止する目的で22℃前後とすることが多くなります。湿度については40〜60％としている例が多く、近年は装置のクローズド化が進み、室内湿度条件は緩和の方向となっています。また、乾式除湿機による低露点供給の例としては、無菌粉末注射剤や凍結乾燥による注射剤の充填部ラミナーブースへの供給が挙げられます[6]。

2.1.2-2　清浄度

　クリーンルームの清浄度はISO 14644-1（またはJIS B9920）で定義されています。しかしながら、現場では米国連邦規格Fed Std.209D（その後209Eにアップグレードされましたが、2001年に廃止されました）で定義されていたクラス1000（1ft³中に0.5μmの粒子が1,000個）やクラス10000（同様に10,000個）という呼称が出てくるほか、無菌医薬品製造における清浄度区分では各GMPにおいてグレードAなどの呼称が使用されています。表2.1.4に無菌医薬品製造における清浄度区分に関する比較表を示します。各グレードの清浄度はat-rest（非

表2.1.4　無菌医薬品製造における各国GMPの比較（文献2記載の表一部を抜粋）

ISO 14644-1 クラス 呼称	EU/WHO GMP クラス 呼称	cGMP Dynamic condition（作業時）0.5μm以上 個/m³	EU GMP At rest（非作業時）0.5μm 以上 個/m³	EU GMP At rest（非作業時）5μm以上 個/m³	EU GMP In operation（作業時）0.5μm 以上 個/m³	EU GMP In operation（作業時）5μm以上 個/m³	J GMP At rest（非作業時）0.5μm 以上 個/m³	J GMP At rest（非作業時）5μm以上 個/m³	J GMP In operation（作業時）0.5μm 以上 個/m³	J GMP In operation（作業時）5μm以上 個/m³
クラス5	Grade A	3,520（クラス呼称100）	3,520	20	3,520	20	3,520	20	3,520	20
クラス6	—	35,200（クラス呼称1,000）	—	—	—	—	—	—	—	—
クラス7	Grade B	352,000（クラス呼称10,000）	3,520	29	352,000	2,900	3,520	29	352,000	2,900
クラス8	Grade C	3,520,000 クラス呼称（100,000）	352,000	2,900	352,0000	29,000	352,000	2,900	3,520,000	29,000
クラス9	Grade D	—	3,520,000	29,000	—	—	3,520,000	29,000	—	—
異グレード隣接室間差圧		10〜15Pa、クラス規定のない区域に対しては十分な陽圧差（少なくとも12.5Pa）	10〜15Pa				10〜15Pa またはそれ以上			
換気回数		クラス8：20回以上、クラス5〜7：さらに多回数	（室の大きさ・機器・在室人員に応じ15〜20分のクリーンアップ時間と給気量の関係をエンジニアリング的に検討することとされ換気回数規定はない）				無菌操作法による無菌医薬品の製造に関する指針では直接支援区域で30回、グレードCで20回			
気流速度（クラス5/Grade A）		0.45m/s±20%	0.36〜0.54m/s				0.45m/s±20%			
備考		cGMPでは at rest（非作業時）の規定なし。またクラス呼称は FED-STD209に準じる。								

作業時）、in-operation（作業時）の2種類の占有状態で規定されていることに注意（cGMPは作業時のみ）する必要があります。なお、非無菌医薬品製造における清浄度区分においては、公的な規格が示されていませんが、製造エリアではグレードDまたはCを設定して管理運用している例が多く見られます。

また、医薬品製造工場では微生物の管理も重要です。表2.1.5に微生物規制値の比較を示します。

クリーンルームの設計や管理を進めていく上で、清浄度へ影響を与える因子を把握しておくことは非常に重要です。表2.1.6に概要を示します。主因となる項目としては、室内発塵源・差圧・気流性状・フィルタがありますが、常時監視出来ない項目もあるので、事前に発生源対策（局所排気の確実な実施など）に関する十分な検討や運用マニュアル（作業者の入室ルール作成など）の作成などが重要となってきます。

表2.1.5　無菌製剤施設の微生物規制値の比較（文献2記載の表一部を抜粋）

ISO 14644-1 クラス呼称	EU/WHO GMP クラス呼称	cGMP		EU GMP				JP 微生物評価試験法			
		浮遊菌	落下菌	浮遊菌	落下菌	表面	手指	浮遊菌	落下菌	表面	手指
		CFU/m³	90mm、CFU/4h	CFU/m³	90mm、CFU/4h	55mm、CFU/Plate	CFU/5 指	CFU/m³	90mm、CFU/4h	24～30cm²、CFU/Plate	CFU/5 指
クラス5	Grade A	1	1	<1	<1	<1	<1	<1	<1	<1	<1
クラス6	—	7	3	—	—	—	—	—	—	—	—
クラス7	Grade B	10	5	10	5	5	5	10	5	5	5
クラス8	Grade C	100	50	100	50	25	—	100	50	25	—
クラス9	Grade D			200	100	50		200	100	50	

表2.1.6　清浄度に影響を与える要因（文献2を元に作成）

要因となる項目		主な内容
主因	室内発生源	外部からの持ち込み、クリーンルーム構成材料からの発塵（含む材料）からの発塵、人体からの発塵，清掃不足
	差圧	室圧調整不良，給排気バランス
	気流性状	風量・風速の設計値逸脱，給排気位置，生産装置等の配置
	フィルタ	設置フィルタからのリーク、ろ材面破損によるリーク
	換気回数	風量低下（非一方向流システムの場合）
二次的項目	静電気	直接作用するものではないが、対象物への微粒子付着特性に影響を与える
	温湿度	・温湿度の設定によっては人体代謝に影響を与え、人体からの汚染物質発生特性に影響を与える場合がある ・菌の発育（増殖）への影響

2.1.2-3　室圧

　クリーンルーム室内で、危険な物質（バイオ・ケミカルハザード）を扱っている場合以外は、清浄度の高い部屋の室圧を高くすることによって、汚染空気が室内に流れ込むことを防ぎ、クリーンルームの清浄度を維持します。

　製造作業室においては清浄度が異なるエリアが隣接している事が多く、用途及び工程の内容によっては部屋ごとの空気の交叉汚染を防止しなければなりません。最終的に守らなくてはならないことは、室間差圧を逆転させないことになります。図2.1.4に非無菌製剤工程、図2.1.5に無菌製剤工程における室圧の考え方を示します。

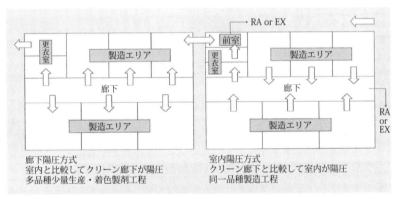

図2.1.4　非無菌製剤工程における室圧の考え方[7]

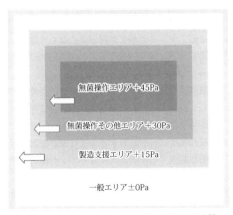

図2.1.5　無菌製造工程における室圧の考え方[7]

　無菌製剤製造室では差圧管理要件が定められています。PIC/S、FDA、日本の無菌医薬品に対する要件比較を表2.1.7に示します。

表2.1.7　差圧に関する要件比較[7]

PIC/S	フィルターを通した空気を供給することで，周囲のグレードの低い区域に対し，陽圧を保持し，常に空気の流れの上流側でいなければならず，そして効果的な区域の清浄化が実施されなければならない（非作業時，作業時の状態を含める）。隣接したグレードの異なる区域間の差圧は10〜15パスカル（ガイダンス値である）であること。製品及び製品接触面が暴露する高リスク区域の保護に特別な注意を払うこと。病原性物質，高毒性物質，放射性物質，生ウイルス，微生物等を扱う区域については空気の供給，差圧等については通常とは異なる基準が必要である。作業によっては施設の除染あるいは排出空気の除染が必要である。
FDA	汚染を避けるために重要なことは，作業区域を適切に分離することである。空気の品質を維持するためには，清浄度が高い区域から隣接する清浄度の低い区域に適切な空気の差圧を設置することが重要である。清浄度が高い作業室では，清浄度が相対的に低い隣接作業区域に対し陽圧を維持すること。例えば，隣接する異なる清浄度の空間では最低限10〜15Paの圧力差を設けること（扉を閉めた状態で）。無菌操作室と隣接の部屋との差圧もこれを維持すること。扉を開放したときには，清浄度の低い区域からの空気の侵入による汚染の発生が最小限となるようにし，扉が半開状態の間は十分に管理すること。
日本	無菌操作区域とその他の支援区域との間にはエアロックを設け，室間差圧及び気流の逆転が起きないよう，十分な差圧を設けること。扉を閉じた状態で10〜15Pa又はそれ以上の差圧を維持することが望ましい。
解説	清浄度が異なる空間の差圧は，扉を閉じた状態で10〜15Pa以上である。室間差圧を設けるのはグレードBとC，グレードCとDが重要であり，クリーンルームの場合グレードAとB間には差圧はない。また，FDAでは清浄度管理のされていないエリア（廊下等）と清浄度管理エリアとの間の差圧は少なくとも12.5Pa以上としている。

　また、危険な物質などを扱う場合は、周囲より陰圧にして、外部に出さないよう封じ込めをしなくてはいけないこともあります。以下の物質を扱う場合は注意を要します。
　　1）　抗生物質、病原菌、遺伝子操作
　　2）　ケミカルハザード化学物質
　　3）　放射性物質（RI）
　　4）　引火性物質、爆発性物質
　無菌製剤製造室では絶えず製造室の圧力を周囲より高く保持するために室間差圧を制御するシステムが必要となります。制御方式とコスト比較を図2.1.6に示します。排気ダクト系に室間差圧調整用モーターダンパーを取り付け基準圧との差圧で制御する方式が一般的です。更に給排気ファンの回転数をINV制御し、夜間モード、非製造モード、除染モードなどの風量変更が伴うモード切替の移行中にも室間差圧が保持できる高度な制御システムが要求される場合があります。

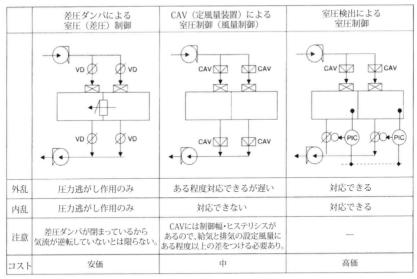

	差圧ダンパによる 室圧（差圧）制御	CAV（定風量装置）による 室圧制御（風量制御）	室圧検出による 室圧制御
外乱	圧力逃がし作用のみ	ある程度対応できるが遅い	対応できる
内乱	圧力逃がし作用のみ	対応できない	対応できる
注意	差圧ダンパが閉まっているから 気流が逆転していないとは限らない。	CAVには制御幅・ヒステリシスが あるので、給気と排気の設定風量に ある程度以上の差をつける必要あり。	―
コスト	安価	中	高価

図2.1.6　室圧制御の例[7]

室圧制御の重要課題としては以下の項目が挙げられます。
① 短期的変動要素
　局所排気、扉開閉、基準圧の変動など
② 長期的変動要素
　フィルタ目詰まり、設備経年劣化など
③ 夜間モード・非生産モード切替
　モード移行中に制御が不安定となり室圧が乱れる
④ 故障、瞬低／瞬停時
　インターロック機能により安全に停止（室圧逆転無し）

2.1.2-4　換気回数・風速

　換気回数と清浄度との間には強い相関関係があります。要は換気回数が多ければ清浄度は高くなりますし、換気回数が少ないと清浄度は低くなります。一部規定されている換気回数や風速は表2.1.4に記載しています。

　また、換気回数≒空調風量と考えると、換気回数は温湿度とも、局所排気とも関係性があります。装置発熱が大きい場合には、室内温度を維持するために空調風量（SA風量）が多くなり清浄度による風量を上回る事があります。排気風量が極端に多い場合にも、室圧を維持するために空調風量（OA風量）は、局

所排気風量と加圧の為の風量を合わせた風量となり清浄度維持の風量を上回る場合もあります。従って、空調風量は「清浄度による換気回数（風量）」、「空調負荷風量」、「局所排気＋加圧風量」のうち最大となる風量で設計することとなります（表2.1.11参照）。

製薬工場の設計においてGMPが遵守されていれば省エネルギーはあまり問題視されませんでした。しかし、今後は地球環境にたいしてもCSR活動の一環として省エネルギーに真剣に取り組まなければなりません。換気回数は省エネを検討する際に重要な項目となり、作業終了時の清浄度維持モード（夜間モード、非作業モード）への切替システムは省エネ目的で広く採用されています。

2.1.2-5　局所排気

局所排気とは、発生した汚染物質が周囲に拡散する前に、発生源のより近くで高濃度のまま捕捉吸引し、無害化して大気放出する設備です。局所排気設備の設計上の注意点は下記となります。

1)　発生する粉塵・ガスの性質を基に制御風速・フードの形状を決める。

2)　汚染源を囲い込む形状のフードを推奨する。

3)　排気ダクト材質は適切な材質とし、一定間隔毎に掃除口を設置する。

4)　発生源と吸込口の間に作業者が立入らないレイアウトとする。

5)　外付フードは発生源の近くで、作業上支障が無い位置に設置する。

6)　排気ダクトは丸ダクトとし、粉塵が堆積しない風速とし、上がり下がり曲がりの少ない形状とする。

7)　集塵機及び排気ダクトは、内部結露防止で必要に応じて断熱対策を行う。

8)　粉塵により静電気が発生する場合は、粉塵爆発対策としてアースを設置する。

9)　ガス状物質の排気設備では、スクラバー・臭気処理施設の要否を確認する。

2.1.3　システム設計

2.1.3-1　熱源システム

熱源は、その他業種のクリーンルームを要する工場と同様、温湿度条件（2.1.1(3)参照）・負荷特性（2.1.1(4)参照）・運転条件などを考慮して決定することになります。製薬工場では、夜間に空調設備を停止する場合があるほか、除湿・再熱負荷にも対応できるようにするため、部分負荷や低負荷時の安定運転や冷温熱源の同時供給を考慮する必要があります[(6)]。

2.1.3-2　空調システム

1)　ゾーニング

　クリーンルームにおける空気調和システムの、一般的なゾーニング方法を表2.1.8に示します。製薬工場ではさらにGMPへの適合性を考慮しながら、以下項目を総合的に検討し、計画を進める必要があります[6]。

- 交差汚染（クロスコンタミネーション）防止
- 製造品目
- 要求仕様（温湿度条件、清浄度）
- 負荷状況（室内負荷の変動状態、運転時間）
- 経済性
- 室内除染方法、滅菌エリア
- ハザード物質の有無

表2.1.8　クリーンルームにおける一般的なゾーニング方法と特徴[2]

		ゾーニング方法	特徴
1	清浄度別	清浄度クラスが同じ室をまとめて１つのゾーンとする方法	空調機やダクト中に設置したフィルタ類の有効利用が図れる
2	使用時間帯別	使用時間帯が同じ室をまとめて１つのゾーンとする方法	非使用時間帯には空調システムの停止ができるため省エネルギー化が図れる。立ち上げ時間が早いシステムの選定が重要
3	温湿度条件別	室内温湿度条件が同じ室をまとめて１つのゾーンとする方法	不要な冷却減湿、再加熱を防止できるため省エネルギー化が図れる
4	熱負荷特性別	顕熱比・負荷変動など、負荷特性が類似している室をまとめて１つにする方法	部分負荷時や低負荷時の過冷却、再加熱負荷を低減させることができる
5	使用化学物質別	製造工程で使用する化学物質が類似している室をまとめて１つのゾーンにする方法	循環空気に混入する化学物質成分が似通っているため空調機系統のガス対策が簡便となる。ガス漏洩時に多系統へ影響を及ぼす可能性が少ない

2)　室圧制御

　室圧制御のシステムは、2.2.2(3)の図2.1.6で示したように手動ダンパで給排気風量を調整し、余剰空気を差圧ダンパで別室に逃がす簡易な方法から、CAVと室圧検知制御を組み合わせた高度な制御まで様々なシステムがあります。いずれにしても室間差圧が逆転し、高清浄度エリアへの汚染空気侵入やハザード物質の室外流出を防止するために確実なシステムを採用することが必要です。

　なお、室間差圧に影響を与える項目としては、表2.1.9に示すようなものがあります。

表2.1.9　差圧に影響を与える項目[6][7]

	内容
設計や施工に関わる項目	室間差圧が小さい（部屋が多すぎて十分な差圧設定ができない）
	空調設備の切替運転がある（昼・夜・除染などの運転パターンあり）
	室の気密性が悪い（各室のシール，貫通部のシール，ダクトのシール，扉部の隙間など）
	ダクトの脈動が大きい（特にダクトの局部抵抗に関わるエルボ，分岐，合流部の圧損が大きいと脈動が大きくなる）
	外気ガラリの設置位置（設置場所によっては外部風の影響を受けやすくなる）
運用時に関わる項目（短期的な影響）	扉の開閉が頻繁にある
	局所排気のON-OFFが頻繁にある
	突発的な外部風圧の変化

※2.1.2（3）記載の「重要課題」の内容も併せて参照

3）　低湿度空気供給システム

　医薬品のなかには吸湿による影響を受ける製品があるため、室内湿度をある程度低くする室が必要となります。近年は製造室内の空気と接しないクローズドタイプの装置が導入されており、製造エリア全てを低湿環境で構築することは少なくなっています[6]。その場合、装置側には必要とされる低湿度空気を供給する必要がありますが、室内側の湿度条件は緩和することが出来ます。一方、コストやフレキシビリティーなどの観点から、なるべく室面積を小さくしながらも従来通り室内の低湿化を図ることも少なくないので、生産品目・運転時間・経済性などを勘案し、システムを選定する必要があります。

　除湿方式としては、冷却コイルによる冷却除湿方式に加え、回転ローターのハニカム構造材にシリカゲルなどの固体吸着剤を担持させた吸着除湿方式が多く採用されています（表2.1.10）。導入の際には除湿能力はもちろんのこと、一般的な空調機と比べて大きいスペースが必要となるほか、図2.1.7に示すよう

表2.1.10　冷却式および吸着式の概要（文献10より一部抜粋）

方式	構造	最低湿度	長所	短所
冷却式	直膨コイル	5℃ DP 5.4g/kg（DA）	設置費小、低湿可能	低露点不可
	ブラインクーラー	3℃ DP 4.7g/kg（DA）	制御容易	低露点不可
吸着式	吸着式ハニカムローター	-80℃ DP 0.0003g/kg（DA）	保守簡単、低圧損、大風量可能、超低露点可能	10g/kg（DA）以上では冷却式より運転費大

に再生空気およびその排気ダクトが必要となり、ダクトの納まりが厳しくなりがちなので、設置スペースにも十分留意する必要があります。

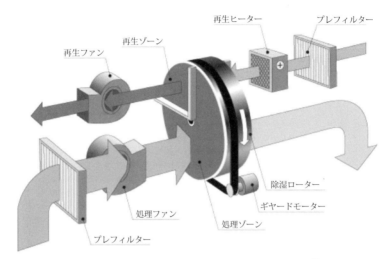

図2.1.7　吸着式ハニカムローターによる除湿機の概略図[11]

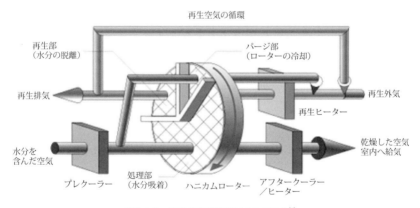

図2.1.8　再生空気循環省エネシステム[12]

　吸着除湿方式では、吸着した水分を連続して脱着させるために高い温度の空気(再生空気)を供給しています。そのため再生空気にかかるエネルギーが大きくなりがちであり、様々な省エネ手法が考えられています。例えばプロセス排

熱を回収して再熱負荷軽減を図る方法をはじめ、再生空気の負荷に応じて再生空気量や再生温度を制御する方法、ローターの回転数を制御する方法などがあります。図2.1.8に省エネ技術の一例を示します。再生に使った排気を再利用することで従来と比較して20～30%程度の省エネを実現するとされています。

2.1.3-3　クリーン化システム

製薬工場におけるクリーンルームの多くは、非一方向流方式と混合方式（非一方向流のクリーンルーム室内に一方向流のエリアを構築）が採用されています。以下に概要を記します。

1）　非一方向流方式

非一方向流方式は、清浄空気を室内へ供給し、室内で発生した汚染物質を希釈して排出します。気流性状の特徴[13]としては、以下の4点が挙げられます。

① 室内全体の気流性状は、床まで到達する吹出気流とその周囲の上昇気流で構成される傾向にある

② 吹出口間の間隔が大きくなると、その間に生じる上昇気流は到達高さ・範囲とも増大する傾向にある

③ 吸込口の個数や設置高さは室内全体の気流性状にあまり影響を及ぼさない

④ 什器類や生産装置などの障害物により、気流性状は大きく変化するがその範囲は障害物周辺に限定されることが多い

非一方向流方式におけるクリーンルームでは、一般的には天井へ吹出口、壁面下部に吸込口が配置されます。製薬工場は小部屋が多い傾向にあり、そこに非一方向流方式を適用すると、天井面は照明設備・消火設備・放送設備など、壁面は什器類などとの取り合いがあるため、吹出口と吸込口の設置位置について制限されることが少なくありません。そのため、壁吹出─壁吸込、天井吹出─天井吸込を選択せざるを得ない室も出てきますので、ショートサーキットしないよう十分な検討が必要となります。その他、特に吸込口に関する留意点としては、以下3点となります[13]。

① 吸込口を偏った配置にすると滞留域が生じやすいため、なるべく均一配置にすること

② 生産装置等で塞がれないよう、装置レイアウトとの調整を図ること

③ 床を水洗浄するような場合がある室では、床面近傍に設置するのは望ましくない

室内送風量の算出については、表2.1.11に示すように、清浄度・室内熱負荷・外気量の3項目うち、各項目において算出される最大値で決定されます。

表2.1.11　非一方向流方式における室内送風量の算出方法（文献2をもとに作成）

項目	室内熱負荷 Q_q	外気量 Q_o	清浄度 Q_k
算出式	$Q_o = Q_p + Q_e$	下欄のいずれかの方法で換気回数を決め、換気回数に室容積を掛けて算出	下欄のいずれかの方法による
算出方法	Q_p：室圧保持に必要な外気量 ・一般的には換気回数 1 〜 2 回 /h ・室形状、使用状態により増減 ・客先と要打合 　Q_e：生産装置排気量 ・各装置仕様をもとに合算値算出 ・将来分が判明している場合は将来分も合算 ・将来分が不明な場合は、合算値に安全率加算（概ね 20％であるが必要に応じて客先と要打合）	①客先との打合せの上、換気回数を決定 ②経験則（下図）[2]により決定 100 000 50 000 10 000 5 000 1 000 500 作業時（通常負荷） 作業時（重負荷） 非作業時 清浄度（Fed. Std. 209Bによるクラス） 換気回数 n 10　20　50　100	①一般空調と同様、顕熱負荷を吹出温度差で除して算出 $Q = q \div (0.33 \times \Delta t)$ Q：風量（m³/h） q：室内顕熱負荷（W/h） Δt：吹出温度差（℃） ②温度制御の要求レベルが高い場合（制御幅 ±2℃未満）、下式から算出する場合あり $Q = NV = (30 \div t) \times V$ Q：風量（m³/h） N：換気回数（回 /h） V：室容積（m³） t：温度制御幅（℃）
送風量の決定	上欄で算出された外気量 Q_o、清浄度 Q_k、室内熱負荷 Q_q のなかから、最大値を採用		

2)　混合方式における一方向流方式

　低清浄度のエリアに一方向流型のクリーンブースやクリーンベンチを構築することで、容易に高清浄度を得ることができます。ただし、一般的なクリーンブースやクリーンベンチの吸込口は上部または側面に配置されており、これら吸込口が互いに干渉し清浄空気がショートサーキットなどを生じると、周辺空気の気流性状が安定せず、汚染物質の滞留が生じる可能性があるため、それぞれの領域を受け持つ吹出口や吸込口の配置については、よく検討する必要があります[2]。なお、一方向流方式のクリーンブースとはいえ、ガイドフードの高さによっては外部気流の巻き込みや床面からの反跳気流による汚染域が存在するほか、設置機器や作業者など清浄度を低下させる要因が多々あるので、注意が必要です（図2.1.9参照）。またプレナムチャンバー方式のクリーンブースでは、HEPAフィルタの下部へ、さらに整流効果を持つ部材を配置し、天井全面から一様に清浄空気を供給可能なものがあります。HEPAフィルタと上記部材の圧損による整流効果が見込めるものの、使用する送風機における吐出空気の分布によってはプレナムチャンバー内の風速分布が非常に偏るため、吹出面直下において一様流を形成出来ない場合もあり、プレナムチャンバー内の気流性

状については注意を払う必要があります。

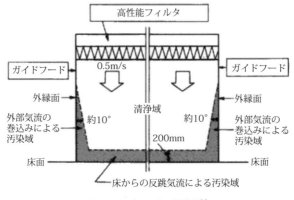

図2.1.9　ブース内の汚染域[14]

3)　バリアシステム

2.1.1(3)の図2.1.2に示されるような無菌工程におけるクリーン化システムにおいて、特に高度な無菌操作が可能な環境を提供する設備として、アイソレーターやアクセス制限バリアシステム（RABS：Restricted Access Barrier Systems）があり、バリアシステムと呼ばれています。

アイソレーターは給排気量を自由に設定できるため、目的に応じて装置内を陽圧や陰圧にすることが可能で、陽圧の場合は非操作物の保護（最大限の汚染源となる作業者や周辺環境からの汚染を完全に排除）、陰圧の場合は作業者の保護（高生理活性物質など、健常者に対し危険性の高い製剤を封じ込め）が主たる目的になります。アイソレーターは製造工程において最も高いレベルで重要区域を構築できるシステムであり、設置環境の清浄度はグレードCやDの室に設置することが可能です。

RABSはISPE（国際製薬技術協会）において、2005年に定義づけがなされました[15]。その後日本では、「無菌操作法による無菌医薬品の製造に関する指針」改定版[8]において、"グローブを備えたハードウォールなどの物理的な障壁と、HEPAフィルタを介して供給される一方向流、適切な管理運用システム等を主要な要素とするハードとソフトを融合した無菌操作区域（重要区域）を有するシステム"と定義されています。図2.1.10にRABSの位置づけイメージを示します。RABSは大別すると、オープンRABSとクローズドRABSに分類され、アイソレー

ターに次ぐバリア性能を有するシステムとして位置付けられています。RABS
における主な一般的要件[8]を以下に示します。

1) RABS内の環境や空調システムは指針[8]で示される重要区域にかかる要
件を満足すること
2) RABSが設置される環境の清浄度レベルはグレードB以上にすること
（RABSが設置される環境（BCR）は直接支援区域として定義されます）
3) 無菌操作中に職員が介入する場合、必ずグローブまたはハーフスーツ
を介して作業すること
（グローブやハーフスーツについては、製品汚染リスクを最小限とするた
め、消毒・点検・交換などについて適切な手順を定め、かつ実行すること
が求められます）

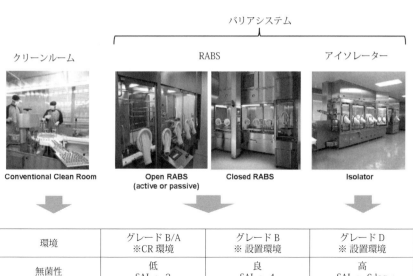

図2.1.10　無菌医薬品製造におけるバリアシステム（文献16より一部抜粋、加筆）

4) RABS内の製品接触面は定置蒸気滅菌（SIP）を行うことが望ましい。SIP
が不可能な部分については、オートクレーブなどで滅菌した後、無菌的
に組み立てること
5) RABS内製品の非接触面については、適切な方法により消毒すること
6) RABS内へ滅菌した材料を持ち込む場合、汚染を防ぐ適切な移送システ

　ムによって行うこと

7)　製造作業中にRABSの扉を開けて職員が介入操作を行う場合、製品の汚
　　染リスクが高くなるため、以下①〜③に留意すること
　　①　介入操作後に適切な消毒を行い、潜在的な汚染リスクを排除すること
　　②　扉を開けた際、RABS内にあった容器の取り扱いについては、製品に
　　　対する汚染リスクに基づき、あらかじめ適切な処置手順を定めておくこ
　　　と
　　（想定外の事象により扉を開けた場合は、RABS内容器は原則として全て
　　取り除く）
　　③　介入操作は全て記録すること
8)　無菌操作中に開ける可能性のある扉の外側には、ISOクラス5（少なく
　　とも無負荷時）のプロテクションブースを備えていることが望ましい（扉
　　解放時、RABS内からプロテクションブースへ向かう気流が確保されるこ
　　と）

2.1.3-4　ハザードシステム[6]

　生物学的製剤（ホルモン剤、生ワクチンなど）や抗生物質（ペニシリン系など）
など、製薬工場ではこれらハザード物質を扱うため、ハザードシステムの構築
が要求されます。周囲からの汚染空気流入を防止するため陽圧に保持しつつ、
ハザード物質を直接取り扱う箇所はハザード物質による周囲への拡散を防止す
るため陰圧にするなど、封じ込め技術が重要となります。特に厳重な封じ込め
が必要な場合は、アイソレーターが用いられます。

　空調システムにおける共通事項としては、①室圧および気流の設定と室圧制
御　②気密性の確保（ハザードエリアと他エリアとのバリア形成）となります。
なお製薬工場におけるハザード施設には、微生物を扱う生ワクチンなどの製造
工程や組み換え体製造工程を有する施設（バイオハザード）、健常者に対して危
険性の高い製剤を取り扱う固形製剤や治験薬製剤などの施設（ケミカルハザー
ド）があり、各ハザード施設における留意点は以下となります。

1)　バイオハザード空調システムの留意点
　　①　室内除染の対応
　　②　排気処理方法（HEPAフィルタの取扱いなど）
2)　ケミカルハザード空調システムの留意点
　　①　排気の粉体回収対応
　　②　排気に有害物質がある場合、適正な処理
　　③　排気口の設置位置検討（外気ガラリや敷地境界からの隔離距離確保）

2.1.4 バリデーション

2.1.4-1 空調バリデーションの構成と事例

　製薬工場において、バリデーションは製品品質（有効性・安全性・安定性など）に適合する製品を恒常的に製造できるようにするために必須の項目となります。空調設備は製造用水設備とともに製造支援設備と位置付けられており、バリデーションの対象となっています。バリデーションは表2.1.12に示されるように4段階で構成され、各段階で目的に応じた適格性を検証する必要があります。空調設備におけるバリデーションステップを図2.1.11に示します。

表2.1.12　空調バリデーションの構成[(2)(6)]

	段階	名称	概要
1	設計時	DQ：Design Qualification（設計時適格性の評価）	施設の詳細設計がGMPおよび施主の要求事項に適合しているか検証
2	据付時	IQ：Installation Qualification（据付時適格性の評価）	施設や設備が要求仕様を満足し、かつ設計通りに据付・施工されていることを検証 ＜主な項目＞ ・IQで使用する図書の選定，確認 ・ダクトルート検査 ・機器据付および仕様の確認 ・計器据付および仕様の確認 ・コンピュータシステムの確認 など
3	運転時	OQ：Operational Qualification（運転性能適格性の確認）	据え付けられた設備が設計通りに動作することを検証 ＜主な項目＞ ・常設計器キャリブレーションの確認 ・仮設計器（風速計など）のキャリブレーションの確認 ・アラームおよびインターロックの確認 ・HEPAフィルタのリーク試験 ・風量および換気回数の確認 ・室間差圧測定 ・気流方向の確認 ・温湿度測定 ・無負荷時の清浄度測定 など
4	稼働時	PQ：Performance Qualification（性能適格性の確認）	実生産と同じ状態で生産を行い、当該設備の適格性を総合的に検証 ＜主な項目＞ ・微粒子レベルのモニタリングおよびテスト ・静的微粒子のモニタリング（非増殖性、増殖性） ・動的微粒子のモニタリング（非増殖性、増殖性） など

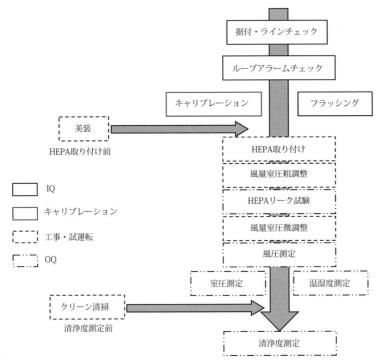

図2.1.11　空調設備におけるIQ、OQシーケンス[5]

2.1.4-2　コンピュータ化システムバリデーション

　GMP省令、GQP省令（Good Quality Practice：医薬品、医薬部外品、化粧品及び再生医療等製品の品質管理の基準に関する省令）におけるコンピュータ化システムのバリデーション関するガイドラインとして、2010年に「医薬品。医薬部外品製造販売業者等におけるコンピュータ化システム適正管理ガイドライン」[17]が出されました。対象となるコンピュータ化システムは大きくITシステムとプロセス用システムに分類されています（表2.1.13参照）。

　製造支援設備に位置付けられている空調設備において、自動制御は欠かせない設備の一つです。工場では熱源機器や空気調和機などから運転データ等を収集・記録し、必要に応じて制御を行う中央監視装置をはじめ、ローカルで各種センサーからの情報を元に各機器を制御するPLC（Programmable Logic Controller）などがあります。図2.1.12に空調設備に関するコンピュータ化システムの例を示します。製薬工場ではこうした、コンピュータシステムもバリデー

ションの対象となるわけですが、システムのカテゴリーに応じて実施すべき項目が分かれます。表2.1.14にGAMP5に準じたカテゴリ表の抜粋を示します。

表2.1.13　QDP、GMP、GDP業務等に使用されるコンピュータシステムの例[18]

IT システム	プロセス用システム	
コンピュータ単独で使用されるシステム	⟵　　　⟶	製造設備、分析機器、製造支援設備等に搭載されたシステム
・MES（製造管理） ・LIMS（品質管理） ・MRP（資材計画） ・ERP（統合型経営資源計画） ・EDMS（文書管理システム） ・品質イベント管理システム ・オフィスソフト 　（表計算ソフト等のマクロ）	・DCS（分散型制御システム） ・SCADA（監視制御とデータ取得） ・データ収集システム ・倉庫管理システム	・PLC ・PID コントローラー ・製造用設備 ・分析機器 ・製造支援設備

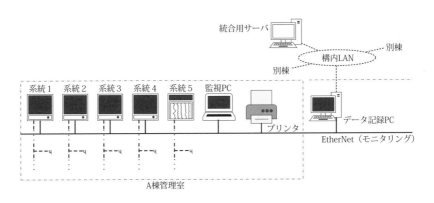

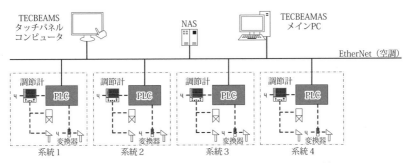

図2.1.12　空調設備におけるコンピュータ化システムの例[10]

表2.1.14　カテゴリ分類表と対応例[18]

		リスク評価	台帳登録	供給者監査	CSV計画報告書	DQ	IQ	OQ	PQ	運用手順	文書管理
1	基盤ソフト	◎	◎	―	○ *1	―	◎ *2	○ *1	○ *1	○ *1	○ *1
3	構成していないソフトウェア	◎	◎	△	◎	―	◎ *2	○ *3	◎ *3	◎	◎
4	構成したソフトウェア	◎	◎	○	◎	―	◎	○	◎	◎	◎
5	カスタムソフトウェア	◎	◎	◎ *4	◎	◎	◎	○	◎	◎	◎

＜凡例＞
◎：必須　　○：リスクアセスメント結果による（基本的には必須）　　△：同左（基本的には省略）　　―：省略可能
＜備考＞
*1：アプリケーションに合わせ作成、実施
*2：設置の確認、バージョン・製造番号の記録
*3：製造設備・分析機器・製造支援設備等に搭載されたシステムにおいては、設備の適格性試験に合わせてシステムの機能を検証することで差し支えない。この場合改めて CSV を実施する必要はない。単純なシステムに関しては校正で代用することも可
*4：単純な機能で URS のみでシステム設計が可能な場合、作成（実施）しなくてもよい

2.1.5　除染

　除染とは「再現性のある方法により生存微生物を除去し、またはあらかじめ指定されたレベルまで減少させること」と定義[8]されており、クリーンルーム構成材料をはじめ生産装置や什器などの表面に存在する微生物を制御（決められた濃度以下）するために、主に無菌製剤の製造室においては室内除染が必須項目となっています。製薬工場における日常的な汚染対策としては、薬剤による各所表面の清拭や噴霧消毒が行われていますが、室の隅など行き届かない箇所が必ずあるため、ガス化した薬剤を室内に噴霧して室の隅々まで消毒や殺菌を行います。実施の主なタイミングとしては、表2.1.15に示す通りです。

表2.1.15　除染作業を実施する主なタイミング（文献19を元に一部修正）

	内容
1	新築・改修などで室を初めて使用するとき
2	製造製品の種類などを変更したとき
3	何らかの汚染菌が発生したとき
4	定期的な予防措置を施すとき

2.1.5-1　除染に使用される薬品

　除染に使用されている主な薬品を表2.1.16に示します。従来から広く使用されてきたホルムアルデヒドの発がん性が指摘されて以来、日本でも法規の改正が行われ、管理濃度の強化や作業環境測定の義務付けなど管理が非常に厳しくなりました。そこでホルムアルデヒドに代わり、アイソレーター内の除染で実績のある過酸化水素をはじめとした代替薬品が使用されています。しかしながら、これまでの信頼性と実績に基づきホルムアルデヒドが利用されることもあります。その場合は特定化学物質予防規則（2009年の改正に関わる通知「特定化学物質障害予防規則第38条の14（燻蒸作業に係る措置）へのホルムアルデヒドの追加等について」[20]参照）に基づき、除染後の室内濃度を0.1ppm以下にすることが必須となります。そのためには、ホルムアルデヒドの分解装置[21]（写真）を使うなどして濃度を下げる必要がありますが、除染作業の初期に壁などへ吸着したホルムアルデヒドが徐々に再放出するため、室内濃度が0.1ppmに到達する時間は予想以上にかかります。除染にかかる時間は生産計画に大きく関わるため、除染期間の短縮を求められる場合もあるので、前述した分解装置などと合わせ、吸着したホルムアルデヒドの脱着を促進・除去する方法[22]などの検討も重要です。

　一方、ホルムアルデヒド以外の薬品については、空気調和設備の観点から腐食性に注意する必要があります。特にホルムアルデヒドの代替薬剤として採用例が多い過酸化水素については、薬剤の性質上凝縮液が発生する空気条件になりがちです[23]。そのため、物体表面に凝縮を生じさせないドライ方式（相対湿度60〜75％のセミドライと相対湿度60％未満の完全ドライがあります）で除染を行うことが腐食に対して有効になります[24]。その一方で、相対湿度が殺菌効果に影響がある[25]ことも報告されており、相対湿度を極端に下げるのも問題があります。そこで、除染中に過酸化水素濃度を測定しながら室内の温湿度を

表2.1.16　除染剤の比較（文献19より一部抜粋）

	除染剤	殺菌効果	浸透性	除去性	毒性	腐食性
従来	ホルムアルデヒド（ホルマリン）	高	低	難	高	低
代替	オゾン	中	低	易	中	中〜高
	二酸化塩素	高	中	中	中	中〜高
	過酢酸	高	低	難	高	高
	過酸化水素	高	中	中	低	中
	微酸性次亜塩素酸	中	低	易	低	低〜中

制御する方法も提案[23]されています。

図2.1.13　ホルムアルデヒド分解装置と除染風景[12]

2.1.5-2　除染方法

標準的な除染作業における、主な流れを表2.1.17に示します。

表2.1.17　ISOクラス6ゾーンにおける除染作業の例（文献19より一部抜粋）

対象	○天井　○壁面　○床面　○施設内機器、備品表面　○施設殺菌
作業内容	○微生物学的環境検査（事前、事後）…浮遊菌、付着菌　○天井面・壁面の洗浄・消毒　○施設内機器・備品表面付着塵の除去　○床面の洗浄・消毒　○ガス殺菌
作業方法	1. 微生物学的環境検査（事前）…浮遊菌、付着菌 2. 養生（施設内機器、備品） 3. 天井・壁面の洗浄・消毒 4. 施設内機器・備品表面付着塵の除去 5. 床面の水洗浄 6. ガス殺菌 　1）空調停止　2）対象施設の気密化　3）ガス殺菌 7. 空調復帰 8. 微生物学的環境検査（事後）…浮遊菌・付着菌 9. ガス殺菌バリデーション

＜引用・参考文献＞

⑴　厚生労働省HP；法令等データベースサービス －法令検索－，第4編　医薬食品 第1章 医薬食品，医薬品，医療機器等の品質，有効性及び安全性の確保等に関する法律，https：//www.mhlw.go.jp/web/t_doc?dataId=81004000&dataType=0&pageNo=1

⑵　(公社)日本空気清浄協会編；クリーンルーム環境の計画と設計 第3版，オーム社(2013)

⑶　井戸真嗣，中村健太郎，加藤泰史；医薬品製造工場の施設・設備設計のポイント 第2版，じほう(2019)

⑷　東京都健康安全研究センター HP；GMPの概念，http：//www.tokyo-eiken.go.jp/assets/pharma/hinshitu/gmp_1.html

⑸　中尾明夫監修，㈱シーエムプラス GMP Platform編；ハードからみたGMP 第4版，じほう(2016)

⑹　空気調和・衛生工学会編；空気調和衛生工学便覧第14版　空気調和設備編第22章医薬品工場，丸善(2010)

⑺　平原茂人；医薬品工場のための空調設計ナビ，じほう(2013)

⑻　厚生労働省；無菌操作法による無菌医薬品の製造に関する指針(2011)

⑼　製剤設備エンジニアリング編集委員会(2006)

⑽　空気調和・衛生工学会編；空気調和衛生工学便覧第14版　機器・材料編第13章加湿・除湿装置，丸善(2010)

⑾　㈱西部技研カタログ

⑿　テクノ菱和技術資料

⒀　日本空気清浄協会編；クリーンテクノロジー講座1(1999.6)

⒁　早川一也；最新クリーンルーム設計ハンドブック，施策研究センター（1992.8)

⒂　Jack Lysfjord；ISPE Definition：Restricted Access Barrier Systems（RABS）for Aseptic Processing, Pharmaceutical Engineering pp.1-3, 2005.11

⒃　C.E.Fruergaard；(nne pharmaplan)；Trends in Sterile Manufacturing Technologies, ISPE Thailand Annual Meeting, 2013.7

⒄　厚生労働省；医薬品・医薬部外品製造販売業者等におけるコンピュータ化システム適正管理ガイドラインについて(2010.10)

⒅　蛭田修；コンピュータ化システム適正管理ガイドライン入門 第4版，じほう(2020.6)

⒆　海老根猛，滝口陽介；バイオロジカルクリーンルームの除染（過酸化水素蒸気とホルムアルデヒドによる除染について），クリーンテクノロジー vol.22 No.7(2012.7)

⒇　厚生労働省；特定化学物質障害予防規則第38条の14（燻蒸作業に係る措置）へのホルムアルデヒドの追加等について，基安化発第1205001号(2008)

(21)　海老根猛，吉田安宏；ホルムアルデヒド処理装置の開発，空気調和・衛生工学会大会学術講演論文集，pp.1517-1520(2000.9)

(22)　滝口陽介，海老根猛；ホルムアルデヒド殺菌後の室内濃度低減に向けた取組，空気調和・衛生工学会大会学術講演論文集，pp.61-64(2016.9)

(23)　滝口陽介，海老根猛；過酸化水素蒸気による効率的殺菌方法の検討，空気調和・衛生工学会大会学術講演論文集，pp.121-124(2017.9)

(24)　小寺恵介，塩原卓也；過酸化水素蒸気の凝縮を生じさせない無菌室の除染技術について，PDA Journal of GMP and Validation in Japan Vol.12, No.1(2010)

(25)　与謝国平，緒方浩基，四本瑞世；無菌製剤施設における過酸化水素除染の高効率化に関する検討，第33回空気清浄とコンタミネーションコントロール研究大会予稿集pp.157-159(2016)

2.2　食品工場

2.2.1　中小企業としての食品産業

　わが国における2018年の食品産業は、工業統計調査[1]において飲料を除く食料品製造業に分類され、事業所数で24,440カ所（製造業全体の13.2％）、出荷額で約29.8兆円（9.0％）になります。従業者数別にみた事業所数と出荷額は、次の通りです。

　従業者数 4 人以上の統計調査の中で、製造業で大企業に定義される300人以上の事業所数は642（2.6％）、出荷額で約8.5兆円（28.5％）であり、事業所数から見た場合、97.4％が中小企業に該当します。その中でも、従業者数20 ～ 99人の食品工場が事業所数および出荷額からみて1/3を構成しています。

表2.2.1　従業者 4 名以上の事業所数と出荷額(2018年、工業統計調査)

従業者数（人）	事業所数（カ所）		出荷額（百万円）	
4 ～ 9	7,501	(30.7％)	544,643	(1.8％)
10 ～ 19	5,907	(38.3％)	1,279,010	(4.3％)
20 ～ 99	8,324	(34.0％)	9,216,994	(31.0％)
100 ～ 299	2,066	(8.5％)	10,240,956	(34.4％)
300 名以上	642	(2.6％)	8,499,945	(28.5％)

　今回の調査対象とした魚肉ねり製品工場は従業者数で40人程度の中小企業で、統計的にみて食品産業全体の平均的な位置にあると思われます。魚肉ねり製品には、かまぼこやさつま揚げ(揚げかまぼこ)、ちくわ、かに風味かまぼこなどが含まれます。本工場の主力製品は10数種類のさつま揚げ製品であり、主な販売形態としては地元スーパーチェーンへの日配品、空港などでのお土産、お中元やお歳暮等の贈答品です。

　およそ800平米の広さを持つ工場は築年数で40数年になり、20年前に工場内のレイアウトを含めた大幅な改装が行われました。鹿児島県には同規模のさつま揚げ工場が10数件あり、そのほとんどが1970年代に鹿児島県の各地で工業団地が展開された際に建てられたものです。工業団地化は、鹿児島県ばかりでなく全国規模で展開されており、異なる業種の食品産業においても築年数や工場の規模など、ほぼ同等の規模の企業も多数に存在すると思われます。したがって、今回の調査対象とした工場の取り組みは、全国に散在している中小の食品産業でも共通する課題を含んでいるかもしれません。

2.2.2　さつま揚げ工場にみる一般衛生管理と HACCP

　2018年6月に公布された食品衛生法等の一部を改正する法律においては、第50条2における厚生労働省令で、いわゆるHACCPへの取り組みとして、施設内外の一般的な衛生管理に関することと、食品衛生上の危害の発生を防止するために特に重要な工程を管理するための取組に関する基準を定めています。これらの2つの基準は内容に応じて次のように、(1)共通事項（一般的な衛生管理と重要な工程の管理）の①〜⑤、(2)一般衛生管理事項の①〜⑪、(3)食品衛生上の危害発生の防止に特に重要な工程を管理するための①〜⑥の取り組みが求められています。

　一方、Codex委員会が提唱するHACCPでは、HACCP導入には一般衛生管理を実施していることが前提条件であり、その上で、7原則12手順によってHACCPは計画されます。CodexのHACCPに基づく衛生管理を実施するためには、わが国が求める(1)から(3)の管理運営基準も満たすことが望まれます。

　本工場のHACCPマニュアルは、Codexの様式を参考として、一般衛生管理を5項目（1．施設・設備などの衛生管理、2．従事者の教育及び管理、3．食品等の衛生的取扱い、4．製品の回収・廃棄、5．製品等の試験検査とその管理)に整理し、HACCPの原則とも対比して作成されています。

(1)　共通事項（一般的な衛生管理と重要な工程の管理）
　　①食品衛生責任者の設置　　　　　　→　HACCP（手順1）
　　②衛生管理計画の作成　　　　　　　→　一般衛生管理マニュ
　　③衛生管理計画、手順書の作成とその　　アル
　　　実施及び定期的な検証と見直し　　　HACCP（手順11、原則6）
　　④食品取扱施設等における食品取扱者　→　2．従事者の教育及び
　　　等に　　　　　　　　　　　　　　　　管理対する教育訓練
　　⑤記録の作成・保存　　　　　　　　→　HACCP（手順12、原則7）
(2)　一般衛生管理事項
　　①施設の衛生管理、
　　②取扱設備等の衛生管理、
　　③使用水等の管理、　　　　　　　　→　1．施設、設備など
　　④そ族及び昆虫の対策　　　　　　　　　衛生管理
　　⑤廃棄物及び排水の取扱い
　　⑥食品取扱施設等における食品取扱者　→　2．従事者の教育及び
　　　等の衛生管理　　　　　　　　　　　　管理
　　⑩運搬、⑪販売　　　　　　　　　　→　3．食品等の衛生的取扱い

⑦検食の実施　　　　　　　　┐　→　５．製品等の試験検査と
⑧情報の提供　　　　　　　　┘　　　　その管理
⑨回収・廃棄　　　　　　　　　　→　４．製品の回収・廃棄
⑶　食品衛生上の危害発生の防止に特に重要な工程を管理するための取組
①製品説明書及び製造工程一覧図の作成　→　HACCP（手順２、３、４、
　　　　　　　　　　　　　　　　　　　　　５）
②危害要因の分析　　　　　　　　　　　→　HACCP（手順６、原則１）
③重要管理点の決定　　　　　　　　　　→　HACCP（手順７、原則２）
④モニタリング方法の設定　　　　　　　→　HACCP（手順８〜９、原
　　　　　　　　　　　　　　　　　　　　　則3-4）
⑤改善措置の設定　　　　　　　　　　　→　HACCP（手順10、原則５）
⑥検証方法の設定　　　　　　　　　　　→　HACCP（手順11、原則６）

HACCPの７原則12手順については、次の通りです。

手順１：HACCP チームの編成	手順６：危害の分析（原則１）
手順２：製品の特徴の確認	手順７：重要管理点の設定（原則２）
手順３：製品の使用方法の確認	手順８：管理基準の設定（原則３）
手順４：製造工程一覧図等の作成	手順９：監視方法と頻度の設定（原則４）
手順５：製造工程一覧図の現場確認	手順10：改善措置の設定（原則５）
	手順11：検証方法の設定（原則６）
	手順12：記録の維持管理（原則７）

　その後、2021年６月からは、すべての食品事業者を対象としてHACCPが義務化されました。事業規模や事業形態に応じてHACCPへの取り組みは異なりますが、食品製造業者においては最初に、施設・設備等の衛生管理や食品の衛生的な取り扱い、従業者の衛生管理、検食の実施などを含む一般的な衛生管理に取り組む必要があります。
　まず、今回のさつま揚げ工場の建屋ですが、800平米の工場は、図2.2.1のように、交差汚染を防止するために一方向への流れで製造を行い、作業場ごとに汚染区域、準清浄区域、清浄区域、事務室等に区域分けされています。加工は準清浄区域で行われ、重要管理点（CCP）の一つである油ちょうによる加熱工程で腐敗微生物や危害微生物を死滅させます。加熱後の製品は、低温に設定されたコンテナ型の冷却器から清浄区域の包装室に直接運ばれますが、包装工程における２次汚染の防止は包装後の製品の初発菌数に影響するため、品質保持にとって重要な環境因子となります。この工場で製造されるすべての製品には

防腐剤を使用していない一方で、賞味期限は他社と同様に 1 週間を設定しています。そのため、賞味期限内の細菌数とそれに影響すると考えられる包装工程での2次汚染には特に注意しています。

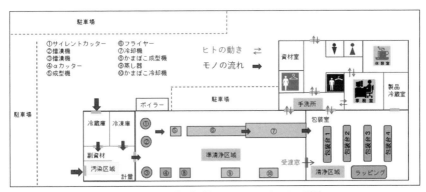

図2.2.1　さつま揚げ工場におけるモノとヒトの動線
冷凍すり身→擂潰(ねり工程)→成型→加熱(CCP)→冷却(CCP)→包装→金属探知(CCP)→出荷

　この工場における包装工程は、区切られた150平米の包装室で行われ、15 ～ 20℃での温度管理はなされているものの、バイオクリーンルーム（BCR）による浮遊菌数や塵埃濃度の清浄度の管理までには至っていません。本工場ではBCRに関心はありますが、BCRと品質保持に関連するデータが不足していることや設備投資費をともなうことからBCRへの移行を躊躇していたのが現状です。現在、HACCP導入にともない途中経過ではありますが、BCRへの取り組みを検討したので紹介します。

　微生物管理については毎月 1 回、外部委託により、一般細菌数と法令で義務化されている大腸菌群の検査が行われています。これとは別に、毎年 6 月と11月のお中元・お歳暮時期の前には、全国的な流通を考慮して高い安全性を確認するためにスーパーマーケットに陳列しているすべての種類の製品に対して、賞味期限日の製品を対象に、一般細菌数と大腸菌群、黄色ブドウ球菌の検査を実施しています。その他には、目視によるネットの発生（表面のべたつき）や異臭、食味の官能評価もあわせて実施しています。

　一般細菌数は法令での上限は設定されていませんが、本工場では管理基準値として10^5(CFU/g)以下、管理目標値として10^4(CFU/g)以内に設定しています。ちなみに、初期腐敗の一般細菌数は、10^6から10^7(CFU/g)です。その他の基準値は、大腸菌群と黄色ブドウ球菌で陰性です。これらの記述は、HACCPマニュ

アルの一般衛生管理における「製品等の試験検査とその管理」に記載されています。

HACCPマニュアルは、Codexの7原則12手順に従って本工場で独自に作成しています。重要管理点(CCP)は加熱工程と冷却工程、金属探知の3カ所に設けており、加熱工程と冷却工程ではいずれも設定温度と時間(ベルト速度)で管理基準(CL)を設定しています。さつま揚げのHACCPの危害分析やCLの設定の仕方については、随所で事例が報告されているので詳細は他書に譲りますが、ここでは原則6(手順11)HACCPシステムの有効性に対する検証方法について、本工場での取り組みを紹介します。

この項目では、作成されたHACCP計画が有効に機能しているかを判断するために行われます。一つには、HACCP計画の実施についての検証であり、それぞれのCCPの工程に対して、手順通りに実施されているかをチェックします。また、計測機器(温度、時間、速度、金属探知機など)の精度についても検証します。二つめには、HACCP計画の修正等の見直しについて行いますが、製造工程の変更や最終製品の微生物検査の結果が社内基準の範囲内にあるかを検証しています。

微生物検査は、前述の「製品等の試験検査とその管理(検食の実施)」に沿って実施されます。実施結果は、PDCA活動の一環として改善点にあたる不適合や指摘事項、要観察事項の情報が共有され、さらに、製造工程の見直しなどフォローアップ活動へとつなげています。PDCA活動は2015年から7年間取り組んできており、前回の指摘事項等に対しては何らかの形でフォローアップはなされています。PDCA活動の結果として、いくつかの製品は社内目標値にほぼ達するようになりましたが、一部の製品では管理基準値の10^5(CFU/g)近くに達するものがあり、その対策として数年前から初発菌数を減少させるための包装環境の検討に取り組んでいます。

2.2.3　魚肉ねり製品の変敗に及ぼす空気環境由来の2次汚染

魚肉ねり製品の腐敗や変敗の原因については、主原料の魚肉すり身に由来する海洋細菌や、副原料として用いられているデンプン由来の有胞子桿菌や野菜類などの1次汚染から、人の手指や空中落下菌を介した2次汚染に至るまで広範囲にわたります。わが国では、魚肉ねり製品の製造において1次汚染由来あるいは加熱前までの環境に由来する微生物性の食中毒の発生を抑制するために、中心温度で75℃以上の加熱が義務づけられています。加熱温度とすり身から検出される細菌種について横関ら[2]は、表2.2.2のように65℃を境にして

球菌が、75℃以上では有胞子桿菌が優勢菌になることを報告しています。

表2.2.2　加熱直後のすり身に残存する細菌数とその種類（横関ら）

中心温度 ℃	試　料　A		試　料　B	
	生菌数（CFU/g）	細菌の種類	生菌数（CFU/g）	細菌の種類
無加熱	1.7×10^7	球菌・無芽胞桿菌	4.0×10^7	球菌・無芽胞桿菌
65	7.2×10^4	球　菌	3.4×10^5	球　菌
70	1.8×10^4	球　菌	2.4×10^5	球　菌
75	1.3×10^4	有胞子桿菌	1.8×10^4	有胞子桿菌
80	2.2×10^3	有胞子桿菌	—	有胞子桿菌
85	6.0×10	有胞子桿菌	7.0×10	有胞子桿菌

　また、貯蔵中のかまぼこについて木俣[3]は、通常の販売形態である簡易包装においては変敗の状態により、①水様のネト型、②不透明のバター様ネト型、③カビ型の3つに分類しています。これらは、いずれも原材料に用いられているショ糖やデンプン量により影響を受けていますが、今日では冷凍すり身に、あるいは甘味料としてショ糖が使われていることから、ほとんどが水様のネト型の変敗を呈していると思われます。

　木俣[4]は、2ヶ月おきに調査したネトが見られた簡易包装のかまぼこから分離された微生物の合計115株について、95株が球菌（*Streptococcus*属、*Leuconostoc*属、*Micrococcus*属など）で、無胞子桿菌10株（*Pseudomonas*属、*Flavobacterium*属、*Achromobacter*属など）、有胞子桿菌5株（*Bacillus*属）、酵母5株（*Torula*属）であったと報告しています。

表2.2.3　蒲鉾から単離された微生物種

微生物種	2月	4月	6月	8月	10月	12月	合計
球菌類	15	9	21	17	18	15	95
無芽胞桿菌類	2	2	2	1	3	0	10
有芽胞桿菌類	0	3	1	1	0	0	5
酵母	1	0	2	0	0	2	5
合計	18	14	26	19	21	17	115

表中の単位：（個）

　このように、十分な加熱が行われていれば、有胞子桿菌を除く球菌などの細菌は加熱後の2次汚染由来が疑われます。藤田ら[5]は、比較的衛生状態の良い

魚肉ねり製品工場A、B、Cの３社の工場内の汚染状況について報告しています。この報告の中で、包装室の空中落下微生物に関係するデータを表2.2.4に抜粋しました。

表2.2.4　魚肉ねり製品工場における空中落下菌の細菌数

工場	工場 A リテーナ蒲鉾成型・包装		工場 B カニ蒲鉾 包装室		工場 C 蒸しかまぼこ 包装室	
季節	4 月	7 月	4 月	7 月	4 月	7 月
最大細菌数	88	244	72	300	81	300
平均細菌数	56	63	32	86	50	85
最少細菌数	15	2	9	10	15	1

※ 普通寒天平板培地（径9cm）を 15 分間開蓋、37℃で 48 時間培養後のコロニー数
表中の単位：（コロニー数／プレート）

　表2.2.4における工場Aから工場Cでは複数の種類の製品を製造していますが、加熱前あるいは加熱後に包装するかで、２次汚染の影響が大きく異なります。リテーナ蒲鉾は加熱前に包装をするために加熱後の包装室の汚染度の影響は受けにくく、一方、カニ蒲鉾では加熱後に包装するために空中落下菌の２次汚染の影響を受けやすくなります。

　また、藤田ら[5]は工場A、B、Cのねり工程、成型・加熱工程、包装室の空気中に含まれる細菌叢を分析しています。ここでは、包装室に限定して分析されたカニ蒲鉾工場Bと蒸しかまぼこ工場Cの結果について抜粋したものを示します。

表2.2.5　包装室内から単離された細菌（藤田ら）

工場	工場 B の包装室		工場 C の包装室	
細菌属	4 月	7 月	4 月	7 月
Bacillus	3	9	3	15
Coryneforms	1	21	1	5
Lactobacillus	0	0	0	0
Sarcina	0	0	0	0
Staphylococcus	3	4	0	6
Micrococcus	14	1	0	0
Pseudomonas	0	1	4	2
Aeromonas	6	8	1	0
Vibrio	0	0	2	0
Enterobacteriaceae	0	4	6	1
Flavobacterium	0	0	1	0
Achromobacter	1	0	2	0
unidentified	22	2	10	1
Total	50	50	30	30

表中の単位：（個）

　工場BとCにおいて空中落下菌の細菌叢は大きく異なり、*Staphylococcus*属や*Micrococcus*属などの球菌は工場Bの 4 月で優勢菌ですが、工場Cでは 7 月に*Staphylococcus*属がみられるものの、未同定を除くと桿菌です。以上の結果から藤田らは、(1)製品の汚染は従業者の手指や機器の汚染より空中落下菌の調査が重要であること、(2)空中落下菌は季節的な変動より、むしろ人の動きの激しい場所ほど汚染度が高いことが示唆されたと報告しています。また、(3)浮遊細菌では腸内菌科など食品衛生に関わる細菌叢も検出され、当然ではありますが、各工場の汚染経路の検討が重要とも述べています。

　空中落下菌の影響を調べるために、私たちの研究室において作成したかまぼこを研究室内で 5 時間放置し、貯蔵性を付与するために新しい包装形態として脱酸素剤と共存したものについても併せて実験を行いました（図2.2.2、データ未発表）。

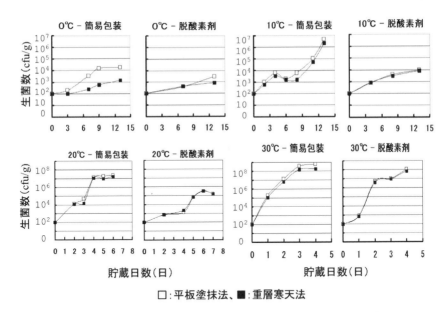

図2.2.2　かまぼこの保存性に及ぼす包装形態の影響（上西、データ未発表）

　実際のさつま揚げの貯蔵は冷蔵ですが、ここでは0℃、10℃、20℃、30℃で貯蔵実験を行い、一般細菌数の測定は標準寒天培地を用いて35℃で48時間培養し、増殖した細菌を分離するために平板塗抹法を採用しています。魚肉ね

り製品業界では、脱酸素剤包装は一般的に普及していませんが、菓子類をはじめ、多くの食品産業界では普及が進んでいます。今後の普及拡大を考慮して本実験においても脱酸素剤とともに包装しましたが、脱酸素剤の使用によって保存性は高くなり、特に、10℃以下で高い貯蔵効果が得られました。

　さらに、20℃で貯蔵したかまぼこで初期腐敗に達した10^5〜10^6レベルのシャーレから細菌を分離し、属レベルでの細菌叢を調べました。分析法は、Cowan and Steel による細菌の簡易検索表（グラム染色、形態、運動性、カタラーゼ、チトクロムオキシダーゼ、グルコースからのOFテスト、ガスの発生）と、あわせて細菌の16S rRNA領域のPCR—RFLP（制限酵素多型）による7型への分類、塩基配列から属レベルでの同定を行っています。その結果、簡易包装では22/30株が*Staphylococcus*属であり、その他に*Micrococcus*属と*Leuconostoc*属が推定されました。一方、脱酸素剤区では*Leuconostoc*属が23/30株で残りは*Staphylococcus*属でした（データ未発表）。脱酸素剤を使用することで貯蔵性は付与されますが、おそらく空気環境由来の2次汚染は、その後の貯蔵中に増加する細菌叢にも影響を及ぼすと思われます。

　実際に、カルチャーコレクションの微生物及び今回実験で分離されたDG-410株を用いて、かまぼこへの接種試験で2次汚染の影響も調べました。それぞれの微生物の分析には、マンニット培地やデゾキシコレート培地など、細菌種で選択性の高い培地をできる限り用いています。

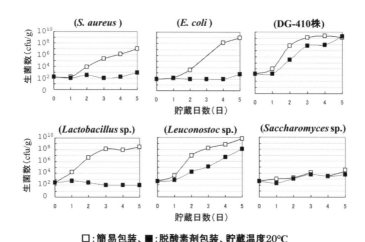

□:簡易包装、■:脱酸素剤包装、貯蔵温度20℃

図2.2.3　包装形態の異なるかまぼこの貯蔵性に及ぼす2次汚染の影響
（上西、データ未発表）

　その結果、図2.2.3のように、通常の簡易包装では用いた酵母以外の細菌種のすべてで短時間に細菌数は増加し、脱酸素剤包装でも細菌種によってはその増殖を抑制することはできません。魚肉ねり製品では、加熱工程で75℃以上が要求され、実際には中心温度で90℃近い温度になるように加熱されます。日配品としての簡易包装から、さらには、今後の新しい包装形態を検討する場合でも、包装室での２次汚染、とりわけ浮遊菌由来の汚染は、細菌種によっては腐敗や変敗を速めることが考えられます。

2.2.4　さつま揚げ工場の包装工程における品質管理への取り組み

　今回の調査対象としたさつま揚げ工場では、前述のように、2015年からPDCA活動を本格的に導入しています。当初は、例えば、賞味期限日における一般細菌数の管理基準値を10^6(CFU/g)以下に設定していましたが、製品によっては10^3(CFU/g)レベルと低い数値を示すものや10^6(CFU/g)以下ではあるものの10^5(CFU/g)を頻繁にオーバーするものなど、製品ごとにばらついていました。これには副原料に使う野菜類の問題も含まれており、製造の副原料のチェックや包装環境の改善に取り組むきっかけとなりました。また、従来の管理基準値を１オーダー下げて10^5(CFU/g)以下にし、管理目標値10^4(CFU/g)以内を目指すなど、管理体制の見直しにも取り組みました。

　包装室の２次汚染の原因となる浮遊細菌等の微生物環境についても調査しました。さつま揚げに対しては国のガイドラインは設定されていないので、弁当及びそうざいの衛生規範を参考に調査しました。最初に衛生規範に則り、浮遊細菌数を測定しました。シャーレの開蓋時間は一般細菌数で５分間、真菌類で20分となっていますが、本試験では両者ともに20分間で行い、実際の包装作業中に測定しました。厚生労働省の基準値は、５分間開蓋の場合で①清潔作業

表2.2.6　さつま揚げ工場における空中落下菌数

作業場	設置場所	5分放置	20分放置
包装室	包装台1	2	1
	包装台2	1	2
	包装台3	0	2
	包装台4	1	3
冷蔵庫	6℃庫内	0	0
工場内	出入口	0	3
	成型機	0	42

※ 標準寒天平板培地（径9cm）を所定時間開蓋、37℃で48時間培養後のコロニー数
包装室には包装用の作業台が4台あり、冷却機出口に近い順で包装台番号を付与
表中の単位：（コロニー数／プレート）

区域<30、②準清潔作業区域<50、③汚染作業区域<100です。

その結果、包装室ではコロニー数30個以下を十分に満たしており、準清潔作業区域である製造現場でも50個以下の基準はクリアーしていました。しかし、開蓋による空中落下菌の測定では、作業場の人の移動や空調の状況等によって大きく変動することが知られています。そこで、強制的に環境空気を吸引して測定する次の機器を使い、微粒子数と浮遊細菌数の検討を行いました。

微粒子数の測定：　　パーティクルプラス モデル8306（Particle Plus社）

　　　　　　　　　　0.3μm、0.5μm、1.0μm、2.5μm、5.0μm、10.0μm

　　　　　　　　　　特筆しない限り60秒間の環境空気を採取してm³に換算

浮遊細菌数の測定：空中浮遊菌サンプラー MAS-100Eco（メルク株式会社）

　　　　　　　　　　標準寒天培地「ニッスイ」Std

　　　　　　　　　　トリプトソーヤ寒天培地SCD

　　　　　　　　　　ポテトデキストロース寒天培地PD

　　　　　　　　　　5分間、500Lを採取し、フェラーの換算式でm³表記

なお、生菌数として標準寒天培地とSCD培地の2種類を用いていますが、前者は食品の一般細菌数の測定に、後者は環境微生物の分析によく使われており、今回は両者について測定しています。ポテトデキストロース培地はカビの計数用です。

表2.2.7　さつま揚げ工場の微粒子数と細菌数

測定場所		生菌数（CFU/m³）			微粒子数（個/m³）			
		SCD	Std	PD	0.5μm	1.0μm	2.5μm	5.0μm
7月測定	包装台1	84	128	36	18,020,281	293,729	113,271	
	包装台2	98	144	38	23,020,219	678,510	117,253	
	包装台3	146	128	24	20,352,940	621,183	100,206	
	冷蔵庫5	32	68	6	10,454,436	325,963	79,726	
	工場7	562	442	測定不可	258,569,420	6,770,243	172,765	
10月測定	包装台1	56	84	10	2,042,021	279,962	49,917	6,122
	包装台2	34	82	6	3,758,260	251,353	48,143	4,825

※ 7月の微粒子数については、2秒間隔で120回サンプリングした際の平均値を示し、参考値です。
　生菌数ならびにカビは1m³あたりのコロニー数です。

7月のデータは繁忙期に採取したものであり、10月は7月の1/2程度の稼働率の状態のもので、包装室での人の移動が生菌数に大きく影響していることが窺えます。また、生菌数の測定値を見ると、全体的にSCDよりStdの方が高い

値を示しています。包装環境中の生菌数の測定に関しては、今後は統一した測定方法が必要であると考えています。

　包装環境中の浮遊菌数とさつま揚げ貯蔵中の生菌数との関連性を調べる目的で、図2.2.4のように、包装室内に空気清浄機をセットしたテント型の清浄ブースを設け、①清浄ブース（生菌数78 CFU/m^3、カビ０）、②包装室中央（生菌数98 CFU/m^3、カビ３）、③包装室入口横（生菌数320 CFU/m^3、カビ20）の３カ所に、ラップをしていないさつま揚げを１時間あるいは2時間放置し、その後ラップにて包装をした後、6℃で14日間の貯蔵試験を行いました。清浄ブースや包装室では明確な浮遊菌数のコントロールが難しかったために、通常は包装時に使われていない生菌数の多い包装室出入口横に製品を置いて所定の時間放置し、その後6℃で所定の時間貯蔵したときの細菌数も測定しました。

　実験１において、初発菌数が高い出入口横に置いた製品では、消費期限の７日目で10^5（CFU/m^3）以上と管理基準値をはるかに超えていました。一方、ブース内では管理目標値の10^4（CFU/m^3）以下であり、浮遊菌数が賞味期限に大きく影響しています。実験２でも、包装室内条件が

図2.2.4　清浄ブース（左テント）

同一にできないことから細菌数は異なるものの、初発菌数が少ないと貯蔵中の細菌数も低く抑えられるという同様の傾向が認められました。

表2.2.8　浮遊菌数の異なる条件下で包装されたさつま揚げの貯蔵中の細菌数（CFU/g）
　　　　加熱・冷却後に包装まで１時間暴露し、6℃で所定の日数で貯蔵

a. 実験1

貯蔵日数	ブース	包装室1	包装室（出口付近）
7 日間	1.0×10^2	2.0×10^2	1.4×10^5
14 日間	9.5×10^3	4.9×10^4	—

b. 実験2

貯蔵日数	ブース	包装室1	包装室（出口付近）
7 日間	2.8×10^2	3.0×10^2	1.4×10^3
11 日間	1.1×10^3	1.7×10^3	3.3×10^4
14 日間	6.4×10^3	5.2×10^4	2.1×10^6

データは示しませんが、2時間暴露では浮遊菌にさらされる時間が長くなったことから、貯蔵期間中の細菌数は1時間暴露より高くなりますが、清浄ブースでの細菌数は包装室中央よりも細菌の発育は抑制されていました。これらのデータから、包装環境中の浮遊菌数がさつま揚げの保存中の細菌数に影響することが分かりました。

2.2.5　さつま揚げ工場におけるBCR導入の検討

今回、調査対象のさつま揚げ工場は、防腐剤を使用しないさつま揚げを製造販売しており、賞味期限内での確実な品質保持を確保する取り組みの一環としてPDCA活動を推進しています。この取り組みの延長として、BCRに関心を寄せていましたが、品質保持に関連するデータが不足していることや設備投資費をともなうことからBCRへの着手を躊躇していました。今回の調査研究で、包装室の浮遊菌数を少なくすることが、製品の保存中の一般細菌数の抑制に一定の効果を示すことがわかり、工場建屋の構造や中小企業としての規模を考慮して、簡易にBCRに取り組めないか検討しました。

簡易設置型のヘパウォール（商標名）は大規模な工事をともなわず、簡易に空気清浄を行える利点があります。私たちは、図2.2.5のように約150平米の包装室の出入口2カ所にヘパウォールを設置し、その時の微粒子数と浮遊細菌数を測定しました。なお、工場や包装室では通常の生産活動が行われている状態で測定しています。

図2.2.5　包装室にセットしたヘパウォール2台

表2.2.9　出入口付近にヘパウォールを設置して作業した際の微粒子数と浮遊菌数

測定場所		生菌数（CFU/m³）			微粒子数（個/m³）			
		SCD	Std	PD	0.5μm	1.0μm	2.5μm	5.0μm
6月測定1	包装台1	51	82	16	11,283,029	920,033	168,467	20,838
	包装台2	44	76	14	11,132,920	813,648	105,591	6,003
	包装台3	51	104	4	11,430,132	804,153	97,120	4,591
	空調出口	127	74	9	6,307,212	791,094	119,017	9,536
	ヘパ1m	5	4	0	910,465	73,106	9,536	706

ヘパウォール（日本無機製）

　測定の結果、表2.2.7と比べて微粒子数に大きな差は認められませんが、包装室の稼働状況や測定時期が近い条件の７月と比較して、生菌数とカビの数がおよそ2/3まで減少しています。また、ヘパウォールの送風口1mのところでは微粒子数ならびに浮遊菌数が大幅に減少していました。空調出口の数値は、天井に設置してある室内循環型の空調・冷風出口の測定値で、SCDでの生菌数は高いものの、微粒子数からみて包装台１よりも低い値でした。包装台１は冷却機の製品排出口に近い場所であり、実際に排出口付近の微粒子数と比較する

図2.2.6　冷却機の商品排出口

図2.2.7　ヘパウォールを包装台附近に設置して測定

表2.2.10　包装台附近にヘパウォールを設置して作業した際の微粒子数と浮遊細菌数

測定場所		生菌数（CFU/m³）			微粒子数（個/m³）			
		SCD	Std	PD	0.5μm	1.0μm	2.5μm	5.0μm
6月測定2	包装台1	43	69	6	834,031	274,009	84,745	20,833
	包装台4	32	37	3	132,446	25,783	8,123	1,413
	ヘパ1m	12	19	5	116,920	45,552	9,181	1,059
	ヘパ2m	27	39	4	139,487	36,726	15,185	4,591
	ヘパ3m	15	39	1	111,595	32,490	10,594	2,472

包装台1は写真奥のテーブル、作業は包装台2で行っている
ヘパ1m〜3mは、ヘパウォール送風口から包装台上の測定位置を示している

と、2.5μmと5.0μmで近い値でした。図2.2.6に冷却機の排出口を示しますが、冷却機からの冷風が包装室内に一部吹き出ており、空気環境の汚染源になっている可能性が考えられました。そこで、冷却機を止めて商品の排出口をふさぎ、さらに、図2.2.7のように包装台附近に設置して微粒子数と浮遊細菌数を測定しました。

　その結果、表2.2.10のようにヘパウォール付近の作業台では、微粒子数および生菌数を大きく減らすことが可能となりました。ISOのクリーンルームの規格と照らし合わせてみると、0.5μmで352,000以下、5μmで2,930以下のクラス7（従来のクラス10,000相当）にほぼ達しており、浮遊菌数ではEU GMPのクラス7の10（CFU/m^3）には及ばないものの、かなりクリーンな条件で包装が可能となります。

　今回の調査では、BCRへの着手を躊躇していた品質保持への影響や、包装室の空気環境に及ぼす汚染源の影響について調査しました。あわせて、工場の規模を考慮したヘパウォールの設置による空気環境の改善を試みた結果、一定の効果を確認することができました。試行錯誤の段階ですが、簡易設置型のヘパウォールは導入も容易なことから、さらに安全なさつま揚げを製造・販売できるようにHACCPに取り組んで行ければと考えています。

　食品工場においては、多品種・小ロット生産であることが多く、その多くを人の手による対応でまかなうことが一般化しています。今回の調査では、包装工程における人の動きが包装室の空気環境の汚染源になっている可能性も示唆されました。農林水産省[6]では、生産性の向上の観点から製造工程の自動化に取り組んだ事例を報告しています。この中で、包装工程での自動計量機・自動包装機・真空包装機の導入事例について少人数化と生産性の向上が紹介されていますが、これ以外にも食品衛生の向上も期待されます。1980年頃には3大食中毒菌の一つである黄色ブドウ球菌は、主に人の手指の化膿巣を由来とし、その黄色ブドウ球菌に汚染されたおにぎりを原因食として、年間250件、患者数で8,000人近く発生していました。現在、コンビニのおにぎりは人の手指を介さない自動化された機器で製造しており、この細菌による食中毒は年間20件程度まで激減しました。もちろん、自動化されたおにぎりでの発生は、ほとんど起こらなくなりました。このように、包装室の空気環境の改善とあわせて、人の手指を介さない包装工程での自動化も今後の有力な手段になり得ると思われます。今回の調査報告が、同規模の中小企業が抱えている課題解決の一助となれば幸いです。

＜参考文献＞

⑴　経済産業省「産業別統計表」および農水省資料
　　https://www.meti.go.jp/statistics/tyo/kougyo/result-2/r01/kakuho/sangyo/index.html
　　https://www.maff.go.jp/j/shokusan/seizo/attach/pdf/vision_documents-2.pdf
⑵　横関源延：新版魚肉ねり製品，松田敏夫（岡田稔編集），恒星社厚生閣，312（1981）
⑶　木俣正夫：日本水産学会誌，16⑼，428-432（1951）
⑷　木俣正夫：京都大学農学部紀要，59，68-81（1951）
⑸　藤田八束ら：日本水産学会誌，45⑺，891-899（1979）
⑹　農林水産省 食料産業局：食品製造業の生産性向上事例集（工程の自動化編）（2018）
　　https://www.maff.go.jp/j/shokusan/sanki/soumu/attach/pdf/seisansei-7.pdf

2.3　病院における院内感染対策

2.3.1　病院の環境

　病院は、患者への医療提供の場であると同時に療養の場でもあります。

　また、医療従事者等が働く場所でもあります。その病院環境の清潔の保持と安全性の確保は大切なことです。さらに、環境整備においては、患者と医療従事者等に対して、安心、満足、快適性といったことを追求していかなければなりません。ところが、感染防止対策上、病院は一般社会とは異なり、いろいろな患者がひとつの施設に集まる場所であり、元来、感染に対してはハイリスクの場所であるといえます。一般的に、きれいな病院、汚い病院といわれますが、主観的な表現であり総合的かつ客観的評価が必要です。

　環境管理上は、それぞれに目に見えるポジティブな面と見えないネガティブな面、それも静態のみならず動態(作業方法等)も、管理の対象となります。なかでも、病院におけるバイオクリーンを含む感染症防止対策については、図2.3.1に示すとおり、管理対象が広範囲かつ多岐にわたり、選択肢が多く否応なく複雑多様な対応を取らざるを得ません。

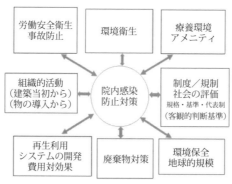

図2.3.1　院内感染防止対策

　従って、どのように環境を整備していくかについて、目先の清潔保持とか汚染対策だけでなく、例えば、汚染空気、臭気等の対策は、微生物、微粒子、微小化学物質等を含んでいます。水や空気が淀まないような建築設備と環境衛生の総合的対応といったことが必要です。そのためには、客観的な物差しがあれば、科学的かつ総合判断ができてコンセンサスが得やすくなり、感染防止、ア

メニティ、環境保全、コスト等への反映が期待できます。

　しかし、環境消毒については、非生体(器具、環境など)を対象とする消毒薬は、未だ評価方法や指針は示されていません[1]。

　これらの取り組みには、よく産官学連携と言われますが、理念を共有し分野融合の下、情報交換、信頼関係を構築して、より良い製品・環境を目指していかなければなりません。

2.3.2　これまでの関連法とガイドライン

　1971年前後に、労働安全衛生法、建築物における衛生的環境の確保に関する法律(以下建築物衛生法)、廃棄物の処理及び清掃に関する法律(以下廃棄物処理法)、水質汚濁防止法等が公布されました。

　現在のガイドラインに沿って以下に説明します。院内感染の問題は、診療や看護の問題として局所的に考えられる傾向にありました。長い間、感染症対策の中心法規であった伝染病予防法(1897年)が、1999年感染症の予防及び感染症の患者に対する医療に関する法律(以下感染症法)に変わりました。その結果、多くの伝染病棟が消えました。隔離と消毒という結果対応から、それぞれの感染症に応じて良質かつ適切な医療の提供へ、人権尊重や感染症の未然防止へ、そして総合的な感染症対策の推進となりました。

　新しい感染症対策について、「消毒と滅菌のガイドライン1999」[2]、「新しい感染症病室の施設計画ガイドライン2001」[3]に、詳細な説明があります。

　2007年結核予防法も、感染症法に統合されました。漸次、コンプライアンスや費用対効果を含め、否応なく施設全体の問題、病院管理の問題となり、情報提供や情報交換等が検討されてきました。感染管理体制も組織的対応に変わりつつあります。バイオクリーンについては、清浄度クラス分類、定義は米国連邦規格FED.st.209Eがあり、一般的にはクラス100やクラス10000でした。1999年FED.st.209Eは廃止、国際規格ISO 14644-1が制定され、これに統一されました。

　バイオクリーンルームについては、「バイオロジカルクリーンルームにおける清浄化指針－JACA-1996」が示されました[4]。病院のように室内での作業内容が大きく変化したり、測定場所によって異なった数値が計測されるところでは、JIS規格は妥当でないとし、ISOクラス分類は採用されていません[5]。

　その他、有害物質の国境異動処分等のバーゼル条約(日本国批准-1993)があり、化学物質汚染、CO_2削減等地球温暖化への取り組みが問われています。最近では、既知のとおり新型コロナウイルスはあらゆる境界の垣根を無視し、世

界の脅威となっています。折よく「消毒と滅菌のガイドライン－2020第4次改訂版」に、新型コロナウイルス感染症の取扱いも示されました[6]。

2.3.3　室内環境の清浄度

「病院設備設計ガイドライン」による病院の清浄度分類について、図2.3.2に示します[5]。要求される清浄度および目的によって区分されており、空調機系統もこの分類と整合したゾーニングが必要となります。

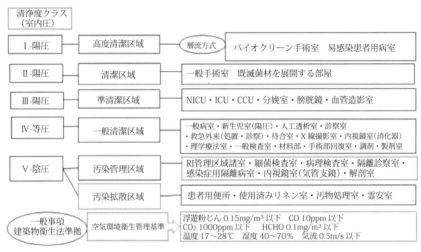

図2.3.2　病院清浄度の分類（HEAS-02-2013）

2.3.3-1　清浄度クラスⅠ

超高性能（HEPAフィルタ）を使用した垂直層流方式または水平層流方式を適用して空気浄化を行い、周辺諸室に対して陽圧を維持します。より高度な清浄度を追求する場合には、呼気排除装置（ヘルメット、ホース）付き発塵防御術衣を使用する場合があります。しかし、作業性が悪いため、吸引システム付き無塵衣や一般の無塵衣を使用する場合もあります。この場合は、ファスナー等の付属品を含め、耐滅菌性（高圧蒸気滅菌等）が必要です。

造血幹細胞移植患者などの易感染患者用病室では、空調は単独かつ24時間運転とし、常に室内を陽圧に保つようにします。加圧用一次空気は病室系統と別にするなどゾーニングに配慮が必要です。前室を設け、出入口には自動閉鎖

装置を設置します。室内空気の流れは、病室の一方から清浄空気を吹き出し、患者を超えて反対側にある吸い込み口から吸い込むことで、一方向性を保つようにします。換気回数は室内循環風量で15回/H以上、病室内は汚れを除去しやすい内装に仕上げ、窓ドアは密閉構造とします。

2.3.3-2　清浄度クラスⅡ

高性能以上のフィルタを使用して空気浄化を行い、周辺諸室に対して陽圧を維持、室内循環器を設置する場合は、高性能フィルタ（JIS比色法98％以上）は空調機の吐出側に取り付けます。

2.3.3-3　清浄度クラスⅢ

以前は手術室と同等だった手術手洗いコーナーはこのクラスになりました。準清潔区域では中性能以上のフィルタ（JIS比色法95％以上）を使用し、クラスⅣ以下の区域に対し陽圧を保ちます。清浄度クラスⅠ、Ⅱと同様に、アスペルギルスなどの日和見感染源となる真菌等で汚染されやすい空調機内からの飛散防止を図るため、最終フィルタは空調機の吐出側に取り付けます。

なお、日和見感染症とは. 正常の宿主に対しては病原性を発揮しない病原体（弱毒微生物・非病原微生物・平素無害菌など）が、抵抗力が弱っている時に病原性を発揮して起こる感染症のことです。主な原因として、MRSA、緑膿菌などの細菌や、アスペルギルスの他カンジダなどの真菌があげられています。

2.3.3-4　清浄度クラスⅣ

中性能以上のフィルタを使用、新生児室は陽圧、その他等圧とします。病院内は空調機運転時の室内気流分布には留意し、汚染空気が極力患者と接しないように、吹出口、吸込口の位置関係を検討します。

2.3.3-5　清浄度クラスⅤ

2.3.3-5-1　汚染管理区域

有害物質や感染性物質が発生する室では、室内圧を周辺区域より陰圧維持とし、室外への漏出を防止しなければなりません。RI管理区域、解剖室は全排気とします。感染症隔離病室は、他区域への感染防止のため常に陰圧を維持する必要があります。排気は単独とし、換気回数は室内循環風量で12回/H以上とします。給排気ダクトには気密ダンパを取付け、ファン停止時連動する閉鎖機構を備えるようにします。

2.3.3-5-2　汚染拡散防止区域

不快な臭気や粉塵などが発生する室で、室外への拡散を防止する為陰圧を維持し、使用済みリネン室、便所、汚物処理室等、強制排気装置を設け、外部に漏出しないようにします。

　なお、空気環境衛生基準等一般事項については、建築物衛生法に準拠します。

　その他、同一建物内における清浄室の清浄保持と、汚染室の汚染拡散防止を厳密に考える場合、そこだけでなく、防火区画としての竪穴区画や、各種ELVや階段、自動搬送システム等からの汚染空気の影響、上昇気流の影響、天井裏の汚染とその程度などにも、注意する必要があります。

　これからは空気感染リスク低減のため空調設備による気流制御（低速0.3m/s)の一方向流の活用の普及等が望まれます[7]。

2.3.4　院内感染防止対策

　院内感染とは、①医療機関において患者が原疾患とは別に新たにり患した感染症、②医療従事者等が医療機関内において感染した感染症のことであり、最近では、病院感染という表現もされています。感染が成立するためには感染源、感染経路、感受性宿主の３つの要因が必要とされています。

　感染源対策としては、汚染した医療器具の消毒滅菌により病原微生物を除去すること、抗生物質などの治療により病源微生物を除去すること、感染経路対策については、接触・飛沫・空気感染の３つの感染経路に対し、手袋、ガウン、マスクなどの着用などを行って感染経路を遮断すること、感受性対策としては、ワクチンなどの予防接種で、免疫をつけることです。しかし、病院内にはこの３つの要因が多く存在し 感染が発生しやすい状況にあるといえます。人から人へ直接、または医療従事者、医療機器、環境等を媒介しての感染、特に、免疫力の低下した患者、未熟児、高齢者等の易感染性患者に対しては、要注意です。これら多くの管理要因があり、感染防止対策として統合的推進が必要です。すなわち、個々の医療従事者ごとの判断に委ねるのではなく、病院全体として対策に取り組むことが必要であります。また、地域の医療機関でネットワークを構築し、院内感染発生時にも各医療機関が適切に対応できるよう相互に支援する体制の構築も求められます。

　公益財団法人日本医療機能評価機構（JCQHC-2002)は、院内感染対策は組織的に行われていること、さらに、患者に対する直接的な臨床行為だけでなく、飲食・水や施設設備を含む病院の広範囲な活動とそのプロセスを院内感染管理の視点で捉えることが大切であるということを示しています。

　院内感染管理については、病院の規模等によってその内容は相違しますが、一般的な院内感染管理システムは、図2.3.3のような内容となります。

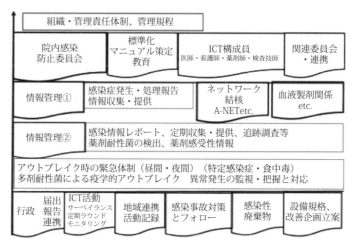

図2.3.3　院内感染管理システム

2.3.4-1　院内感染対策の基準

2014年厚生労働省が、医療機関における院内感染対策について、"医療機関における院内感染対策に関する留意事項"を示しています[8]。

2.3.4-1-1　院内感染対策の体制

院内感染対策の体制は、院内感染防止委員会と感染制御チーム（infection control team：ICT）の設置が必要とされています。

院内感染防止委員会の構成員は、診療・看護・薬剤・臨床検査・洗浄・滅菌消毒・給食・事務等各部門を代表する職員です。

当該委員会の活動は、技術的事項等の検討や、雇用形態にかかわらず全ての職員等に対する組織的な対応方針の指示、教育等を行います。また、院内全体で活用できる総合的な院内感染対策マニュアルを整備し、最新の科学的根拠や院内体制の実態に基づき適時見直します。検体からの薬剤耐性菌の検出情報、薬剤感受性情報など、迅速な感染症情報の共有体制を確立します。さらに、感染制御チームが円滑に活動できるよう、役割の明確化など環境を整えます。

病床規模300床以上の医療機関においては、感染制御チームを設置する必要があります。構成員は、医師、看護師、薬剤師および検査技師です。感染制御チームは、臨床検査室からの報告等を活用して感染症患者の発生状況等を点検するとともに、各種の予防策の実施状況やその効果等を定期的に評価し、各病棟をラウンドして感染制御担当者の活用等により適切な支援を行ない、また抗

菌薬の使用状況を把握して、必要に応じて指導・介入します。

2.3.4-1-2　基本となる院内感染対策

(1)　標準予防策（全ての患者に対する手洗い等感染予防策）とともに、必要に応じて対象患者、対象病原微生物等の特性に対応した感染経路別予防策（空気・飛沫・接触予防策）を実施すること。

(2)　手指衛生については、手洗いおよび手指消毒のための設備・備品等を整備し、患者への処置の前後に、速乾性擦式消毒薬（アルコール製剤等）による擦式消毒、必要に応じて石けんおよび水道水による手洗いを行うこと。

(3)　針刺し等感染事故対策については、注射針へのリキャップ禁止とし、注射針専用の廃棄容器、針刺し防止に配慮した安全器材を活用すること。

(4)　環境整備および環境微生物調査については、空調設備、給湯設備などの適切な整備および院内の清掃等を行い、院内の環境管理を適切に行なうこと。環境整備の基本は清掃であるが、一律に広範囲の環境消毒を行わない。血液または体液による汚染時の、汚染局所の清拭除去および消毒を基本とすること。

　ドアノブ、ベッド柵など、医療従事者、患者等が頻繁に接触する箇所は、定期的に清拭し必要に応じてアルコール消毒等を行う、とされています。

　環境消毒については、多剤耐性菌感染患者が使用した病室等において消毒薬による環境消毒が必要となる場合には、生体に対する毒性等がないように配慮する、とされています。さらに、本指針におけるこのような安全衛生の配慮、科学的根拠の有無等による変更は、次のとおりです。

イ　一律に広範囲の環境消毒は行わない、清潔領域への入室時履物交換と個人防護具着用は一律にとらない。

ロ　消毒薬の噴霧、散布または薫（くん）蒸、紫外線照射等については、効果および作業者の安全に関する科学的根拠ならびに院内感染のリスクに応じて慎重に判断すること。

ハ　粘着マットおよび薬液浸漬マットについては、感染防止効果が認められないことから原則として、院内感染防止の目的としては使用しないこと。

ニ　定期的な環境微生物検査については、必ずしも施設の清潔度の指標とは相関しないことから、一律に実施するのではなく、例えば院内感染経路を疫学的に把握する際に行うなど、限定して実施すること。

ホ　手術室内を清浄化することを目的とした、消毒薬を使用した広範囲の床消毒については、日常的に行う必要はないこと。

ヘ　新生児集中治療部門での保育器の日常的な消毒は必ずしも必要ではない

　が、消毒薬を使用した場合には、その残留毒性に十分注意を払うこと。患
　児の収容中は、決して保育器内の消毒を行わないこと。
(5)　医療機器の洗浄・消毒・滅菌については、医療機器を安全に管理し、適
　切な洗浄・消毒・滅菌を行うとともに消毒薬や滅菌用ガスが生体に有害な
　影響を与えないよう配慮すること。また、医療機器を介した感染事例が報
　告されていることから、使用済みの医療機器は、消毒または滅菌に先立ち、
　洗浄を十分行うこと、ただし、現場での一次洗浄は行わずに、中央部門で
　一括して十分な洗浄を行うこと。中央部門では、密閉搬送し汚染拡散を防
　止すること。
(6)　手術および感染防止については、手術室の空調設備は周辺の各室に対し
　て陽圧を維持し、清浄空気の供給とともに清掃が容易な構造とすること。
(7)　新生児集中治療管理室においては、特に未熟児などの易感染状態の患児
　を取り扱うことが多いことから、カテーテル等の器材を介した院内感染防
　止に留意し、気道吸引や創傷処置においても適切な無菌操作に努めること。
(8)　感染性廃棄物の処理は、2.3.6 廃棄物の処理の項に詳細に記述しました。

2.3.4-1-3　アウトブレイク時の対応

　アウトブレイク時の対応については、疫学的にアウトブレイクと判断した場
合には、院内感染防止委員会または感染制御チームによる会議を開催し、速や
かに必要な疫学的調査を開始するとともに厳重な感染防止対策を、1 週間以内
に実施することとされています。
　院内感染のアウトブレイク（原因微生物が多剤耐性菌によるもの）は、一定期
間内に、同一病棟といった一定の場所で発生した院内感染の集積が通常よりも
高い状態のことをいいます。そのために、日常的に菌種ごとおよび特定の薬剤
耐性を示す細菌科ごとのサーベイランスを実施して状況を把握する必要があり
ます。
　アウトブレイクについては.緊急時に地域の医療機関同士が連携し、各医療
機関に対する支援として、医療機関相互のネットワークを構築し、日常的な相
互の協力関係を築いておくことが大切です。
　なお、バンコマイシン耐性腸球菌（VRE）等 5 種類の多剤耐性菌については保
菌を含めて 1 例目の報告をもってアウトブレイクに準じた厳重な感染対策が必
要です。また必要に応じて保健所に報告または相談することとされています。
報告を受けた保健所は、当該医療機関の対応とその効果、地域のネットワーク
に参加する医療機関の支援等確認し、必要に応じて指導および助言を行います。
また、都道府県、政令市等との緊密な連携や検査等の支援体制、地方衛生研究

所の検査において中心的な役割が期待されます。なお、VREは感染症法に定めるところにより、管轄保健所への届出が別途必要です。

2.3.4-2　保険医療機関

保険医療機関としての施設基準等の一部改正（厚生労働省58-2020.4.1）がありました[9]。主な内容は、院内感染対策の基準ならびに院内感染防止対策加算1、2、および地域連携加算、無菌治療室管理加算1および2等です。感染制御の組織化と地域連携の急速な推進策です。

院内感染対策の施設基準は、感染防止体制、感染制御の組織化、感染情報レポートの活用、職員等の手洗いの励行の徹底等があげられています。

感染防止対策加算1の施設基準は、感染防止対策部門を設置しており、一定の経験、研修を受けた医師・看護師等からなる感染制御チームを組織し、活動していることが要件です。また、最新のエビデンスに基づき、自施設の実情に合わせた標準・感染経路・針刺し等感染予防策・疾患別感染防止対策、洗浄・消毒・滅菌、抗菌薬適正使用等の内容を盛り込んだ手順書（マニュアル）を作成し、それを各部署に配布していることが必要です。さらに、年2回程度定期的に院内感染対策に関する職員研修、年4回程度感染防止対策加算2の医療機関と合同カンファレンスを行って、記録していることが求められています。

感染防止対策加算2の施設基準は、当該保険医療機関の一般病床の数が300床以下を標準とし、医療安全管理部門をもって感染防止対策部門としてもよいとされています。年4回程度、感染防止対策加算1に係る届出を行った医療機関が主催する院内感染関連カンファレンスに参加していること、その他、感染制御チーム、手順書、職員研修等は、感染防止対策加算1とほぼ同じです。

感染防止対策地域連携加算の施設基準は、感染防止対策加算1に係る届出を行っていること。同様に、届出を行っている保険医療機関と連携し、少なくとも年1回程度、相互の医療機関に赴いて一定の条件に基づく感染防止対策に関する評価を行い、当該保険医療機関にその内容を報告すること。また、同様に、連携保険医療機関より評価を受けていること、とされています。

無菌管理室治療は、白血病、再生不良性貧血、骨髄異形成症候群、重症複合型免疫不全症等の患者に対して、必要があって無菌治療室管理を行った場合に医療費が加算される制度です。

無菌治療室管理加算1の施設基準は、自家発電装置を有し、滅菌水の供給が常時可能であること、個室であること、室内の空気清浄度が常時ISOクラス6以上であること、当該治療室の空調設備が垂直層流方式、水平層流方式またはその双方を併用した方式であること、と定められています。

　無菌治療室管理加算2の施設基準は、空気清浄度はISOクラス7以上、自家発電装置を有し、滅菌水の供給が常時可能であることです。その他、特定集中治療室等の室内は、原則としてバイオクリーンルームとされています。無菌治療室の清浄度合い等の判断には「病院設備設計のガイドラインHEAS-2013」清浄度レベルⅠが参考になります[5]。滅菌水の供給が常時可能とありますが、具体的な施設基準や滅菌水の定義の説明は見当たりません。届出添付資料は、滅菌水の供給場所および空調設備の概要とあります。

2.3.5　感染症法に基づく感染防止対策

　医療施設においては、実験室等のバイオハザード対策ではなく、医療と感染症によって、施設設備の設計・管理、環境整備、生活環境等が関連し合い、その対策は極めて複雑です。感染症法では症状の重さや病原体の感染力等から、1類～5類と指定および新感染症の7種類に分類されており、さらに、新型インフルエンザ等感染症が感染症法に追加（2008.5）され、新感染症は、現在該当はありません。新型コロナウイルス感染症が指定感染症となり、2類感染症と同等の取扱いとなりました（2020.2）[10]。

　感染症指定医療機関の指定状況（2019.4.1現在）は、次のとおりです。

特定感染症指定医療機関　　新感染症対応　　　　4医療機関　　　　10床
第1種感染症指定医療機関　1類感染症に対応　　55医療機関　　　103床
第2種感染症指定医療機関　2類感染症に対応　634医療機関　5,696床
別に結核指定医療機関　　　　　　　　　　　　　　　　136,602床

　感染症病室の施設基準等については、前記「新しい感染症病室の施設計画ガイドライン」[3]に示されており、3類、4類感染症その他は、一般病棟、一般病室での対応です。第1種、第2種感染症病室については同時に持つことが望ましく、接触飛沫感染のみならず空気感染防止をも考慮する、つまり、1類感染症には空気感染疾患は少ないが将来の追加を見込んでとのことです。

　特筆すべきは、このガイドラインの清掃に関する留意事項等はより具体的な基準です。医療施設全般へ、特に清浄度区分レベルⅠの病室に応用すべきと考えます。つまり、水栓は自動タイプ、家具は清掃しやすい壁掛け式、壁面との入隅部は床材を立ち上げる、床や壁は清掃消毒し易い構造とされています。

　図2.3.4は、第1種感染症病室例です。床面を消毒剤から保護するため表面にワックス等を塗布します。全ての消毒剤に耐えられる床材はないとされ、その床材10種類に対し、消毒剤10種類の劣化状況が示されています。ワックスの種類、被膜は清浄化に大きく影響します。消毒薬等による床の白濁や塗布作

業時間が長いといったことが懸案でしたが、UV硬化樹脂の塗布は、耐薬品性、耐久性、汚れが取り易いといった利点が多く、実験動物室においても評価されています[11]。施行技術とリコート技術を完成し、医療施設への早急な普及に期待します。その他、空調設備は、全外気方式、再循環方式の場合はHEPAフィルタ付き、排気は病室、前室ごとに単独排気、排気設備にはHEPAフィルタを設置するとあります。排水は独立した排水処理設備を設ける、排水管・排気管は逆流しないようにする、給湯は個別給湯設備等が示されています。その他、1類、2類、3類感染症の病原体で汚染された機器・機材・環境の消毒は必須であり、当該の医療施設内で行うとされています。なお、「消毒と滅菌のガイドライン第4版」[6]では、新型コロナウイルスはエンベロープをもつウイルスであり、消毒薬抵抗性は高くない、しかし、感染経路が確定せず、ウイルスの変異の可能性といった懸念があり、標準・空気・飛沫・接触感染予防策を徹底すること、器具や病室環境の消毒等が重要とされています。また、作業時は、N95微粒子用マスク、個人防護具などを着用するとあります。

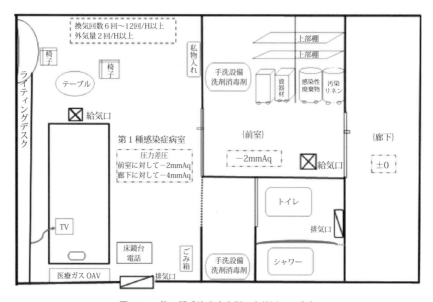

図2.3.4　第1種感染症病室例　文献(3)より改変

2.3.6　廃棄物の処理

　病院の廃棄物処理は、医療法上焼却炉設置とされ、専ら感染症対策、滅菌消毒が主眼でした。ところが、ダイオキシン類等の問題から、自家焼却処理は困難になり、他者へ依存せざるを得なくなりました。1998年厚生労働省は必ずしも焼却炉を設置する必要はないとし、全ての廃棄物は法に基づき処理することとなりました（廃棄物処理法1970-137-1条）。廃棄物の処理とは、廃棄物の分別保管、収集運搬、再生および処分までの一連の流れの行為をいうとされ、また、感染性廃棄物は、医療関係機関等から排出し、人が感染または感染する恐れのある病原体が含まれ、もしくは付着している廃棄物またはこれらの恐れのある廃棄物と定義されています。医療施設は、感染性廃棄物が最終処分に至るまでの一連の行程において、適正適法に処理する責務があります。特別管理産業（感染性）廃棄物と特別管理一般（感染性）廃棄物に分けられます。特別管理産業廃棄物は政令で62種類、特別管理一般廃棄物は10種類が定められています。

　「廃棄物処理法に基づく感染性廃棄物処理マニュアル」（2018.3－環境省環境再生・資源循環局-以下本マニュアル）に、感染性廃棄物、非感染性廃棄物の客観的判断基準、具体的な手順等が示されています。医療関係機関等は、特別管理産業（感染性）廃棄物管理責任者（以下管理責任者）を置き、管理体制の充実を図る必要があります。当該管理責任者は、医師、薬剤師等の定めがありますが、事務職でもその責務を担えるという制度ができました。2006年公益社団法人日本医師会と公益財団法人日本産業廃棄物処理振興センター（JWセンター）共催の「医療関係機関等を対象にした特別管理廃棄物管理責任者講習会検討委員会」が発足し、2006年度から講習会の受講と試験の合格を条件に資格取得できる制度です。現在でも前記JWセンターが継続主催しています。

　多種多様な業務を管理するため、管理責任者が中心となって、本マニュアルを理解して、法定基準に従って運用することが極めて大切です。

　廃棄物管理の基本的事項は、処理計画・管理規程の作成、処理状況の帳簿記載および保存、施設内分別、梱包、移動、保管、表示、施設内処理および委託業務管理等です。感染性廃棄物の判断基準が、形状、排出場所、感染症の種類別に示されています。

　注意すべきは、鋭利な物は未使用でも感染性廃棄物と同等の扱い、血液成分製剤等は血液等に該当し感染性廃棄物となります。

　なお、委託業務は、委託契約（法定委託基準）、事業の範囲と許可内容、収集運搬および処分業者の処理能力等の確認、廃棄物の種類、数量、性状および荷

姿、取り扱う際の注意事項等の把握です。また、産業廃棄物管理票（マニフェスト）の発行と流れ（収集運搬・中間処理・最終処分）の確認、表示については、感染性廃棄物容器にはバイオハザードマーク、非感染性廃棄物は非感染性ラベルを貼付します。

さらに、現在では廃棄物の処理はほとんど委託処理であり、廃棄物の種類の把握と処理方法の決定は重要事項です。感染性廃棄物の処理は、焼却・溶融等が定められています。その焼却処理等の成果確認方法として、本マニュアルは、抵抗性の強い指定生物指標菌を10^{-6}以下に減少させることとされています。なお、前記「消毒と滅菌のガイドライン」には、医療器具（クリティカル）の無菌性保証レベル指標菌10^{-6}以下が採用されており、感染性廃棄物処理基準の厳しさがわかります。焼却は、燃焼ガス800℃以上の温度を保ちつつ2秒以上滞留、排ガス中の一酸化炭素の濃度が100ppm以下、焼却灰の熱灼減量が10%以下、排ガス中のダイオキシン類濃度に係る基準は一燃焼室の処理能力、4トン/H以上、$0.1ng\text{-}TEQ/m^3$（1997.12以降新設）等となりました。これは、本マニュアルの生物指標菌を10^{-6}以下に減少させるより厳しいものがあります。なお、消毒液等の廃液にも留意が必要です。廃液による配管の腐食や活性汚泥法等の排水処理の影響、産業廃棄物処理等考慮する必要があります。微生物であれ、化学物質であれ、その影響を知り得る立場にある関係者等は、注意喚起の発信者となり社会的責務を果たしていくことが求められます。

2.3.7　業務委託基準

前記した厚生労働省の"医療機関における院内感染対策に関する留意事項-において、院内感染防止委員会は、雇用形態にかかわらず全ての職員等に対する組織的な対応方針の指示、教育等を行うとしていますので、業務委託関係者を含むと解釈できます。医療法の業務委託について、検体検査・医療機器等の滅菌消毒・患者等の食事の提供・医療機器の保守点検・患者等の寝具類の洗濯・施設の清掃の業務は、院内感染防止対策に関連すると思慮します。

業務委託については医療法第15条に定めがあり、厚生労働省令で定める基準に適合するものに委託しなければなりません[12]。ここでは、患者等の寝具類の洗濯業務、および施設の清掃業務について、その概要を説明します。

2.3.7-1　患者等の寝具類の洗濯の業務について

受託者の洗濯施設は、施設等の基準、クリーニング所の開設許可等（規則第9条の14等）のほか、病院寝具類の受託洗濯施設に関する衛生基準を満たすことが必要です。すなわち、クリーニング師の設置、施設、設備および器具の管

理、寝具類の管理・処理、消毒剤および洗剤等の管理、従事者教育、衛生管理要領、自主管理体制の整備等があります。なお、病院は、1類感染症等の寝具等消毒処理のための施設を有し、消毒を行うこととありますが、"感染の危険のある寝具類"（新型コロナウイルスを含む）をやむを得ず外部委託する場合、次のとおり消毒方法が定められています。

理学的方法－蒸気滅菌機100℃10分、熱湯80℃10分、肝炎ウイルスおよび有芽胞菌（破傷風菌等）汚染物は、120℃以上湿熱に20分間以上。

化学的消毒法－次亜塩素酸ナトリウム等、遊離塩素250ppm以上の水溶液中に30℃で5分間以上浸す。

界面活性剤による消毒－逆性石けん液等を使用し、その適正希釈水溶液中に30℃以上で30分間以上浸す。

ガスによる消毒法－ホルムアルデヒドガス、エチレンオキシドガス、いずれも真空装置を使用、4時間以上作用させる。オゾンガスは、真空装置にオゾンガスを注入し、CT値6,000ppm・min以上作用させる。

以上ですが、寝具類等の消毒については感染症法にもその定めがあり、選択すべき範囲が広く、かつ、血液や体液の汚染の有無、その程度等による消毒方法、残留毒性、感染性廃棄物処理の選択等、費用対効果の点からの判断も必要です。従って各病院において、対象別、場所別、消毒方法、消毒薬とその濃度、作用時間、使用器材、洗浄の是非・管理方法等具体的な基準を定め、費用対効果等により委託の是非や方針を定める必要があると思います。

2.3.7-2　施設の清掃業務

2.3.7-2-1　清掃受託者の対応

受託者は、受託責任者を選任します。受託責任者は、職務従事者に対する指導監督、医療機関側の責任者と随時協議、契約内容に基づく作業計画の作成、清掃用具や消毒薬等の使用・管理、清掃用具の区域ごとの管理等です。また、消毒に使用するタオル、モップ等は清掃用とは区別します。清潔区域の清掃消毒は、入室時の手洗い、入退室時のガウンテクニックを行い、無影燈、空調吹き出し口および吸い込み口の清掃および消毒、高性能エアフィルタ付き真空掃除機を使用する等、区域の特性に留意した方法とすることとされています。感染症患者の病室の清掃消毒業務は、感染源の拡散を防止すること、および受託者が作業の実施状況を記録し、医療機関に提示できる業務関係帳票を備えること等が定められています。

2.3.7-2-2　医療機関の対応

病院は、業務の円滑な実施と管理のために、必要な知識と経験を有する業務

責任者を選任し、委託契約に当たっては、業務責任者の意見を反映させるようにします。業務責任者は、必要な事項を受託責任者に指示し随時協議します。さらに、医療機関の職員が清掃従事者へ指示する場合は、原則として業務責任者を介して行うとされていますので、注意が必要です。また、医療機関は、従事者の控室と手洗い場、清掃用具の保管場所、清掃関係消耗品の供給管理、従事者の作業衣や清掃用具の洗濯場所の確保などを整備する必要があります。医療機関が定める仕様書および受託者が定める施設清掃業務標準作業書は、業務運営上極めて重要です。

2.3.8　環境・労働の安全衛生

　病院においては、施設環境の安全衛生および医療従事者等の安全衛生にも十分配慮しなければなりません。医療従事者等が健康で安心して働くことができる環境整備を促進することが重要です。

　建築物衛生法は、病院は適用外とされていますが、衛生的環境を考慮して一般事項については、準拠することが望ましいとして、室内空気環境の基準が挙げられています[5]。浮遊粉じん0.15mg/m^{3}以下、CO 10ppm以下、CO$_2$ 1000ppm以下、ホルムアルデヒド(FA)は0.1mg/m^{3}としています。FA規制は、他にもあります。建材、換気設備の規制(建築基準法改正-平成15年)、シックハウス対策や乳幼児衣類、寝具類等の規制(有害物質を含有する家庭用品の規制に関する法律)などです。病院においても、患者、特に乳幼児用の衣類、寝具類も注意が必要です。また、環境や医療器具等の消毒には、消毒薬による化学的消毒方法が取られる場合があります。なかでも、FAは、病理検査等にも使用されており、発癌の発生防止やアレルギー等の健康障害防止のための規制(特定化学物質障害予防規則の一部が改正-平成20年)があり、特定化学物質の第2類物質に変更になり、有害物質として環境管理が強化されました。また、滅菌剤グルタルアルデヒド(GA)の規制値は、「医療機関におけるグルタルアルデヒドによる労働者の健康障害防止について」(厚生労働省-2005基発0224007)では0.05ppm以下、また、PRTR法の第1種指定化学物質です。GAの気中濃度測定、排気対策、廃液対策が必要です。また、GAは空気より重いので排気口の位置は下方にするなど注意が必要です。

　一方、労働環境の安全や衛生管理について、管理の基本とされている作業環境管理、作業管理および健康管理があります。作業環境管理とは、作業環境中の有害因子の状態を把握して、工学的な対策を行うなど、できるかぎり良好な状態で管理していくことです。作業管理とは、作業方法や保護具の着用などに

より適正に管理して暴露軽減を図ることなどです。これらはおしなべて院内感染防止対策と共通点があり、同時に遂行すべきと考えます。手術用手洗い水は、清潔な流水で十分であるとされていることから、水道水の水質基準維持は大切です。建築物衛生法は、給水は水道法第4条の水質基準に適合し、遊離残留塩素の含有率を0.1mg/L以上保持、一般細菌は1mLの検水で形成される集落数が100（22～26時間培養後）以下、大腸菌は検出されないなどと定めています。

2.3.9　ファシリティマネジメント（FM）

　施設設備等を経営にとって、最適な状態で使用する総合的管理手法としてFMが一般企業等において実践されています。FMの定義について、公益社団法人日本ファシリティマネジメント協会（JFMA）は、FMを（企業・団体等が組織活動のために、施設とその環境を総合的に企画、管理、活用する経営活動）としています。

　医療技術が進歩すると施設と運営に変化が起こります。環境衛生管理は、建物の表面のみならず、裏の面も大切です。さらに、AI（Artificial Intelligence）を駆使しての見える化により、事態の把握と進むべき方向を共有できます。

　事業経営を支える基盤として4つの機能分野（人事、ICT、財務、FM）が関連します。ここでのICT（Information and Communication Technology）は、情報・知識の共有に焦点を当てており、人と人、人と物の情報伝達といったコミュニケーションが強調されます。図2.3.5はFMと伝統的な施設管理（管財・営繕）の違いを示したものです[13]。

維持保全だけでなくより良いやり方の追求		
情報技術・各分野の技術活用		
3つのFM	経営戦略－施設の最適な在り方追求	
	管理戦略－各施設の効率化、低コスト化、適正品質の追求	
	日常業務、施設運営、清掃維持の合理化、計画、科学的方法	
管理の性格－現場管理的 ⇒ 経営戦略的		
対象－あらゆる業務用施設、企業、病院		

図2.3.5　FMと伝統的な施設管理（管財と営繕）との違い

　なお、病院にこそFMが必要であると、ホスピタリィティFMの提唱があります。医療看護だけでなく、医療福祉を基本的に理解した事務や管理者が、高度なサポートシステムを用意すべきとその必要性の指摘です[14]。

　今後、一つの部屋、部門、業務、職種、企業だけでなく、何に重点を置き、

何を追及するべきか、データを把握し施設全体の費用対効果を把握し、ストックマネジメントからFMへと、病院におけるFMの普及に期待します。図2.3.6は、病院環境をFM の視点でとらえたものです。それぞれの分野のニーズとバランスをとりながら、変化する環境状態に対応することが大切です。

図2.3.6　医療施設環境とFM

　しかし、一方では、感染防止対策に各種製品の大量生産、大量廃棄があります。安全かつ資源化等を目的に、品質の改善・向上、洗浄、消毒滅菌、検査等の技術進歩があると思います。環境への負荷を低減させるよう、継続的に改善していかなければなりません。

　地球環境問題については、1972年、ローマクラブが発表した「成長の限界」に端を発し、既知のとおり国際規格ISO 14001があります。経営のトップから組織内外の双方向コミュニケーションによる環境コミュニケーションが促進されています。パラダイムチェンジが必要ではないでしょうか。有害な環境影響の負荷低減だけでなく、同様の意気込みで有益な環境影響の増大に期待したいと思います。これからは、英知を結集して、人と環境に安全なリユースシステムや空気の浄化対策等の構築をしていく必要があります。

＜参考文献＞
⑴　植田知文，梶浦工，小林寛伊："東京医療保健大学大学院：海外における殺菌・消毒薬の効力評価法－欧州、米国の試験規格の比較"，The Journal of Healthcare-associated Infection, 8, pp.10-16（2015）
⑵　"消毒と滅菌のガイドライン"，厚生省保健医療局結核感染症課監修：小林寛伊編集，へるす出版（1999）
⑶　"新しい感染症病室の施設計画ガイドライン"：感染症病棟の建築・設備に関する研究会編集，へるす出版（2001）
⑷　"バイオロジカルクリーンルームにおける清浄化指針"，JACA32-1996, 社団法人日本空

気清浄協会(1996)空気清浄協会 http：//www.jaca-1963.or.jp/

⑸ "病院設備設計ガイドライン（空調設備編）（HEAS-02-2013)", 一般社団法人日本医療福祉設備協会(2017), http：//www.heaj.org

⑹ "消毒と滅菌のガイドライン", 改訂第4版, 大久保憲他編集, へるす出版(2020)

⑺ 森本正一：：シンポジウム"気流制御による空気感染リスク低減", 新菱冷熱工業㈱,Jpn. Clin. Ecol., 27, pp.20-27(2018)

⑻ 医療機関における院内感染対策について（平成26年年12月19日）（医政地発1219第1号, 厚生労働省ホームページ：https：//www.mhlw.go.jp/

⑼ 「基本診療料の施設基準等の一部を改正する件」（厚生労働省告示第58号) 2020.4.1施行 厚生労働省ホームページ：https：//www.mhlw.go.jp/

⑽ "新型コロナウイルス感染症を指定感染症として定める等の政令の一部を改正する政令等（健発0131第11号)", https：//www.mhlw.go.jp/

⑾ 野田義博, 竹迫清之他："実験動物による施設床面におけるUV硬化樹脂加工の有用性", （日本実験動物科学技術さっぽろ2014)

⑿ "病院、診療所等の業務委託について",【最終改正】医政地発1030-1（平成30.10.30), 厚生労働省ホームページ：https：//www.mhlw.go.jp/

⒀ 鵜沢昌和："ファシリティマネジメントが変える経営戦略", NTT出版(2007)

⒁ 柳澤忠, 佐和子："明日を創る", 建築計画連合(2001)

2.4　実験動物施設

2.4.1　動物実験の現状

　医学の進歩は動物実験によって成り立ってきたと言っても過言ではありません。ヒトの健康と福祉を追求する医学研究にとって動物実験は必須の手段です。私たち人間が現在のように存在し生活できるのは、現在までに行われてきた動物実験のおかげとも言えます。しかし一方で、動物の命を犠牲にする動物実験に反対する立場もあります。

　実験に利用される動物がかわいそうという思いは人間として当然であり、実際その感情は私たち研究者も共有します。しかしそういう感情を大事にするとともに、自分たちが受ける医療や服用する薬がどのように動物実験に依存しているか、もし動物実験がなかったらどうであったか、もし必要な実験が制約を受けることになったら今後どんな事態が予想されるか、といったことを理性的に判断することも大切です。

2.4.2　動物実験の目的・必要性

　人類誕生以来、病気との戦いは絶え間なく続いています。医学研究はその勝利を偶然や奇跡ではなく、科学的根拠に基づき実現することを目標としています。そのためには、まず人間の身体、臓器や組織、あるいは細胞が、どのように働いているかを研究する必要があります。同時に、病気の原因とメカニズムの解明が求められます。また、薬や医療技術が開発されると、その薬が、あるいは技術が、いかに人体に作用するか、副作用はないか等を細心の注意をもって調べる必要があります。これらの研究の多くは生体を用いることを不可欠とし、人間を用いた研究や試験も行われます。しかし、人間を用いる研究には、当然、厳しい限界があります。やむを得ない策として、人間と同じ生命原理が働いて生きる動物に犠牲を求めます。これは、我々が食物として動物を用いるのと同じ道理であり、動物を犠牲にして生きる人間の生の一面です。当然、我々研究者は、生命に対する畏敬の念をもとに、用いる動物を可能な限り人道的に取り扱います。また、開発された医療や薬が動物自身の健康と福祉にも多大の貢献をしていると考えられます。

2.4.3　動物実験の有用性

　動物実験は医学の研究にきわめて有用です。その最大の科学的理由は、生命原理が同じなので動物で得られた知識は基本的に人間にも適用し得ることで

す。21世紀となり、平均寿命の延長と小児死亡率の低下は著しくなり、病苦からの解放、軽減も大きく進みました。これに寄与した医学・医療の進歩は多くの分野にわたり、例えば、ビタミン欠乏症の治療、抗生物質による細菌感染治療、インスリンの発見と糖尿病の管理、天然痘・ジフテリア・はしか等のワクチン、人工透析による腎臓病管理、新しい薬物の開発、麻酔医学、癌の化学・放射線療法、冠状動脈バイパス・ペースメーカー等の心臓病の医療、高血圧・動脈硬化の管理、臓器移植、パーキンソン病の医療、エイズなどレトロウイルス疾患の医療など、多くの医学的成果が明らかになっています。これらの成果はいずれも動物実験の上に実現しており、動物実験に基づいていない医学・医療はないと言っても過言ではありません。

　では、医学の進歩はこの程度で十分であり、もう動物実験は必要ないのでしょうか。残念ながら、癌、アルツハイマー病・ALS等の神経難病、感染症、免疫疾患、遺伝病などの未解明、未解決の難病は多く残っていますし、エイズ、SARS、プリオン病、新型のウイルスによる感染症などの新しい病気も次々と出現しています。また、地球環境変化や内分泌攪乱物質等の環境汚染物質が人間に与える影響の研究も進めなければなりません。近年の再生医学における動物実験は脊髄損傷で生じた肢の麻痺が治癒できることを示し、これまで不可能とされてきた神経系損傷の治療に明るい希望を見出しました。また、マウスやショウジョウバエで同定された遺伝子の知見が種々の難病や遺伝疾患の解明・治療に着々と応用されています。病気の解明・治療に直結した優れた疾患モデル動物の研究にも期待されます。むしろ動物実験の必要性、有用性が強まっているというのが現状です。

2.4.4　実験動物施設の基本的原則

　動物を医科学上の利用に供することは、生命科学の進展、医療技術等の開発などのために必要不可欠なものです。その利用に当たっては、動物が命あるものであることに鑑み、動物の代替、使用数の削減、ならびに動物への苦痛軽減に努めなければなりません。そのためには、動物の生態および習性に配慮し、動物に対する感謝の念および責任を持った適正な飼養および保管ならびに医科学上の利用に努めなければなりません。実験動物のQOL（生活の質）を保証し安寧（we11-being）の確保、動物実験を科学的、倫理的に遂行できる施設・設備は極めて重要であり、適正な設備と適正な運用が不可欠です。同時に、実験動物による人の生命、身体または財産に対する侵害の防止および周辺の生活環境の保全にも十分配慮しなければなりません。

　一方、動物実験は、医学、歯学、薬学、獣医学、生物学などの多くの分野で行われます。実験結果は「どこでも、いつでも、だれが実施しても」同一の結果が得られることが要求されます。すなわち、動物実験の結果は、国内的にも国際的にも評価できる信頼性と再現性のあるものでなければなりません。そのために、実験に使用される動物の遺伝的および微生物的な品質とともに、動物を飼育する環境要因にも一定の条件が求められます。環境省の「実験動物の飼養及び保管並びに苦痛の軽減に関する基準」[1]には、研究、試験、製造などの科学上の目的に利用される実験動物の飼育、維持、生産、実験のための施設を建設するに当たって原則と守るべき具体的事項が示されています。

　実験動物施設の基本原則には、次の五つの条件が要求されます。

　第1は、動物の飼育目的に叶っていることです（合目的性）。設置する実験動物施設は、どんな動物種を収容するのか、繁殖生産に使用するのか、試験・研究のために使用するのか、ということが十分に吟味されていなければなりません。その理由は、動物種によって室の大きさ、床・壁・天井の構造、空調条件、または収容する飼育器具、実験機器などが違うからです。

　第2は、動物に対して快適で衛生的な条件が維持されることです。動物に対して快適条件とは、各種の環境要因（温度、湿度、気流および空気清浄度など）によって動物の生理生態的な異常を来さないような状態に維持されることであり、衛生的とは、倫理的観点からも満足され、総合的な感染病発生防止対策がとられていることです。さらに最近では、動物の安寧環境の設定、環境富化（エンリッチメント）、補助的器材や工夫など、動物室内の環境のみならず、動物に直接影響をおよぼすゲージ内の微小環境（マイクロエンバイロメント）への積極的な配慮も求められています。

　第3は、施設内で作業する人に対しても、労働安全衛生の立場から、快適で衛生的な条件に維持されることです。空調条件は快適であるとともに、人の視覚、嗅覚などの感覚的な面からも快適であることが要求されます。現状として、多くの実験動物関係者が、鼻、咽喉、眼、皮膚の単一または複合したアレルギー症状を訴えています。とくに気道アレルギーが多数を占めますが、これは動物室の空中粉塵と関連した部分が大きいので、施設の空調設計には十分な注意が必要です。また、十分なバイオハザード（生物的危険）、対策〈感染症法〉、ケミカルハザード対策がとられていることが大事です。

　第4は、施設周辺への環境保全が図られていることです。施設周辺への感染物質やRI物質の拡散防止は言うまでもありません。煤煙、悪臭、騒音などの防止、汚水処理。床敷や死体処理などについても各種環境法に沿った、公害防止

対策が必要です。

　第5は省エネルギー的、経済的に運転できることです。実験動物施設では年間を通じて24時間の空調運転、飼育器具類の消毒滅菌などのために膨大なエネルギーが利用されます。

　以上のことから、動物実験施設は、動物愛護管理法、実験動物の飼養及び保管並びに苦痛軽減基準、動物実験指針などと相まって、倫理的にまた、経済的に、さらに総合的に調和のとれたものでなくてはなりません。

2.4.5　動物実験施設の設備と環境因子の基準値

　動物実験施設の設備については、日本建築学会の「実験動物施設の建築および設備」のガイドライン[2]が詳しいと思われます。本稿では、空調関係の部分について概説します。

2.4.5-1　実験動物施設における空気調和の意義

　実験動物施設における空気調和は、①動物福祉への配慮と信頼性の高い動物実験の成績を得るために、動物飼育室および実験室の環境条件（温度、湿度、空気清浄度、気流および風速、気圧、換気、騒音および振動など）、を動物にとって適切な状態に維持するとともに、②実験者および飼育技術者の健康にとっても適した状態を保持すること、が目的とされます。それは、種々の環境条件が動物ならびに人の生理を左右し、変動、異常が生じれば、実験成績の信頼性や人の健康にとって好ましくないからです。また、動物実験の成績を共通の基盤で比較するためには、再現性のある実験結果を得る必要があり、実験動物施設の環境条件は、国内ではもちろん国際的にも同等の範囲内であることが望ましいのです。近年では、封じ込めを重視した局所飼育環境を制御する技術も取り入れられており、新規開発の飼育装置に配慮した施設計画も必要です。また、各省庁のGLP基準（Good Laboratory Practice：優良試験所規範（基準））に準拠するうえでも、以上のトレント技術は重要です。

　上記の各種環境条件は、気象、建物の構造、設備システムと施設グレード、動物種、収容密度あるいは飼育管理方法などの諸要因によって大きく左右されるので、施設の設計および管理に当たっては、上記の各種要因を総合的に調節して、常に一定の範囲内の条件に維持しなくてはなりません。そのため、熱源装置、空調機などの空調システムは、故障や災害などの各種リスクを回避しつつ、24時間、365日継続して運転されなければなりません。さらに、定時的または連続的に、飼育室の温度、湿度などの環境条件を記録する必要もあります。

2.4.5-2　環境因子の基準値

　実験動物施設の設計あるいは管理運営に当たっては、動物飼育室の環境条件をできるだけ安定させるよう心がけなければなりません。そのための目標となる条件を環境因子の基準値と呼びます。日本建築学会の「実験動物施設の建築および設備のガイドライン」に示されている指標を記述します。

2.4.5-2-1　温度

　現在までに公表された、動物種別の飼育温度に関する基準値の主なものには、表2.4.1のようなものがあります[(3)~(9)]。マウス、ラットの場合、多くは20～26℃の範囲に含まれます。このほかに、米国ILARの指針[(3)]では、18～29℃での範囲内で日内の温度変化を最小限度に抑制すべきとされ、また、OECDの化学物質毒性試験指針[(4)]では22±3℃の範囲を示し、1966年におけるわが国の基準案[(6)]では21～25℃が示されています。これら資料によると、動物飼育室の基準となる温度は最低17℃から最高29℃にわたる範囲が示され、国際的に見ても必ずしも一致していません。その理由は、基準設定の観点が異なり、施設設計上の目標値、実際運転での現実を加味した推奨値、あるいはこれ以上になってはいけないという許容限界値として示されているためであると考えられます。

　以上の実績を踏まえて、「実験動物施設の建築および設備のガイドライン」では動物室の温度の基準範囲を20～26℃としています。ただし、温度の影響が特別に大きい動物実験においては、別途温度条件を検討しています。特にウサギについては、米国ILARの指針[(3)]で上限を22℃としており、NIH設計指針[(10)]ではウサギ飼育に関して特別に低い温度設定を必要とするとしています。また、繁殖成績から上限を24℃と判断できる研究[(11)]もあるので、上記ガイドラインではウサギ飼育室の温度基準範囲を18～24℃としています。

　室内温度をこれらの範囲のいずれに設定しても、その短期的な変動範囲はできるだけ狭く、また室内温度分布はできるだけ均一に制御することが望ましいため、シーズンによる変動は特別な場合を除き考慮しないことにしています。

　施設の設計に当たっては、最大負荷時における熱源・空調機器の能力不足や容量過大を防止するために、飼育室の設定値は20～26℃での中間値23℃を目標値とし、時間的変動幅を±1℃、空間的変動幅を±1℃とすることが望ましいとされています。

表2.4.1　動物室の温度基準値　　　　　　　　　　　　　　　　　　　　　　　　　　単位(℃)

動物種	ILAR (1996)[3]	ECI (1986)[4]	GV-SOLAS[5]	OECD[6]	MRC[7]	日本の基準案 (1966)[8]	日本のガイドライン (1996)[9]
マウス	18～26	20～24	20～24	19～25	17～21	21～25	20～26
ラット	18～26	20～24	20～24	19～25	17～21	21～25	20～26
ハムスター	18～26	20～24	20～24	19～25	17～21	21～23	20～26
モルモット	18～26	20～24	16～20	19～25	17～21	21～25	20～26
ウサギ	18～22	15～21	16～20	17～23	17～21	21～25	18～24
ネコ	18～29	15～21	20～24		17～21	21～27	18～28
イヌ	18～29	15～21	16～20		17～21	21～27	18～28
サル類	18～29	20～28	20～24			21～27	18～28

2.4.5-2-2　湿度

　現在までに公表された、動物種別の相対湿度に関する基準値を、表2.4.2に示します[3]～[9]。このなかで、1966年の日本の基準案[8]では45～55％、ECの基準[2]では40～70％、米国のILARの指針[3]およびOECDのガイドライン[6]では30～70％が示されています。これらのガイドラインは理論的根拠が不明確なので、「実験動物施設の建築および設備のガイドライン」では、常識的な範囲として55±10％を相対湿度の基準値としています。また、少なくとも、呼吸器感染防止のためには、30～70％の範囲に納まるようにしなければならないとされ、特に、ラット繁殖では、低湿になると幼若ラットの尾に懐死を起こすリングテイル（Ring-tail）という病気が発生しやすくなり[12]、また繁殖成績も低下するので注意が必要とされています。

　相対湿度は温度と関連し、冬期においては空調されている室内の壁や給気ダクトの表面、天井裏の外壁や柱、窓があるところではサッシ部が結露しやすくなるので、十分な断熱処置が必要です。また、動物室内の垂直的、水平的な温・湿度の分布は、冬期や夏期の外部負荷の大きい時期にはばらつきが大きくなります。そのために、動物室の使用に先立って、あるいは飼育時の適当な時期に、室内の温・湿度分布を明らかにしておく必要があります。建物竣工時における測定は、飼育空間に相当する少なくとも室内の田字状の9点における上・中・下段について実施すべきとされています。

表2.4.2　動物室の湿度基準値　　　　　　　　　　　　　　　　　　　　単位（％）

動物種	ILAR (1996)[3]	ECI (1986)[4]	GV-SOLAS[5]	OECD[6]	MRC[7]	日本の基準案 (1966)[8]	日本のガイドライン (1996)[9]
マウス	30 ～ 70	40 ～ 70	50 ～ 60	30 ～ 70	40 ～ 70	45 ～ 55	40 ～ 60
ラット	30 ～ 70	40 ～ 70	50 ～ 60	30 ～ 70	40 ～ 70	45 ～ 55	40 ～ 60
ハムスター	30 ～ 70	40 ～ 70	50 ～ 60	30 ～ 70	40 ～ 70		40 ～ 60
モルモット	30 ～ 70	40 ～ 70	50 ～ 60	30 ～ 70	40 ～ 70	45 ～ 55	40 ～ 60
ウサギ	30 ～ 70	40 ～ 70	50 ～ 60	30 ～ 70	40 ～ 70		40 ～ 60
ネコ	30 ～ 70	40 ～ 70	50 ～ 60		40 ～ 70	45 ～ 55	40 ～ 60
イヌ	30 ～ 70	40 ～ 70	50 ～ 60		40 ～ 70	45 ～ 55	40 ～ 60
サル類	30 ～ 70	40 ～ 70	50 ～ 60			45 ～ 55	40 ～ 60

2.4.5-2-3　清浄度

　一般に清浄度を示す指標として、空気中に存在する微粒子、生物粒子および臭気がとり上げられます。

　浮遊微粒子に関する規定としては、表2.4.3に示すISO 14644-1による清浄度クラス設定があります。

　「実験動物施設の建築および設備のガイドライン」では、バリア区域動物室の清浄度基準値を、動物を飼育していない状態でISOクラス7としています。この基準値は飼育室内の清浄度を維持するための建築・空調上のシステム構築を目的とした意味合いが強く、単に浮遊粉塵を規定したものではないとされています。ISO清浄度クラスでは清浄度を確認するだけではなく、HEPAフィルタのリークテストや換気量、室圧などの予備テストを要求して清浄度維持が可能なシステムを求めています。また、バリア区域の落下細菌数の基準値を、動物を飼育していない状態で、床面積5 ～ 10m²に1枚置いた9cm径シャーレ30分開放（血液寒天、48時間培養）において、3個以下としています。通常施設でも、消毒後の動物を飼育していない状態では、30個以下にすることが望ましいとしています。また、落下細菌数のみでなく、採取した細菌の種類についても注意すべきです。

　以上に述べた微粒子、生物粒子、落下細菌数は、空調方式、換気回数と相関が高いので、基準値を満足するような空調システムを採用する必要があります。

　また近年では、個別換気ゲージシステムのように、ゲージ個々を周囲環境から隔離できるシステムが使用されています。このようなシステムでは、飼育管理上の微生物管理の徹底が必要となります。これが達成されるのであれば飼育

室内の清浄度基準が緩和できます。

表2.4.3　ISO14644-1のクリーンルームとクリーンゾーンに対する浮遊粉塵清浄度

ISO 清浄度クラス	対象粒子径以上の最大許容濃度　　（個 /m³）					
	0.1μm	0.2μm	0.3μm	0.5μm	1μm	5μm
クラス 1	10	2				
クラス 2	100	24	10	4		
クラス 3	1,000	237	102	35	8	
クラス 4	10,000	2,370	1,020	352	83	
クラス 5	100,000	23,700	10,200	3,520	832	29
クラス 6	1,000,000	237,000	102,000	35,200	8,320	293
クラス 7				352,000	83,200	2,930
クラス 8				3,520,000	832,000	29,300
クラス 9				35,200,000	8,320,000	293,000

2.4.5-2-4　臭気

　動物飼育室内の臭気は、室内の温・湿度が高くなるほど、また収容密度が大きいほど増加し、換気回数が多くなるに従って減少します。さらに、一方向流方式などの換気効率のよい方式ほど減少します。また、プラスチックゲージで飼育する場合の、床敷交換回数や水洗式飼育装置の水洗回数とも関係します。

　臭気成分の種類やその濃度が飼育動物に与える影響については、現在も不明の点が多いと考えられます。悪臭防止法で規制している物質は、アンモニア、メチルメルカプタン、硫化水素、硫化メチル、二硫化メチル、トリメチルアミン、アセトアルデヒド、スチレン、プロピオン酸、ノルマル酪酸、ノルマル吉草酸、イソ吉草酸の12物質です。動物飼育環境で発生する物質濃度は、アンモニアがもっとも高く、計測も簡単なために、実験動物施設の悪臭成分としてアンモニアを代表物質としています。人体に対する労働衛生環境の保持の点から、「実験動物施設の建築および設備のガイドライン」では、飼育室のアンモニアの基準値は20ppmを超えないこととされています。

2.4.5-2-5　気流および風速

　風速の増加は伝導、対流による体熱放散を促進するので、特に単位体重当たりの体表面積の大きい小動物では、風速の影響に十分注意を払う必要があります。人に対する室内風速の許容範囲は、種々の条件を考慮して通常は25cm/秒以下とされます。気流および風速の、動物に及ぼす影響の検討はほとんど行われていないので、「実験動物施設の建築および設備」のガイドライン[2]では、風速の基準値を人における許容範囲に準じて、動物の居住域において0.2m/秒以

下としています。飼育棚にゲージを立体的に配置する動物室では、施設の設計、施工あるいは管理に当たっては、動物の居住域において気流ができるだけ均一になるような配慮が必要です。近年では、ゲージ内へ強制的に送気するシステムが採用され始めており、このようなシステムを検討する場合はゲージ内気流についても配慮が必要と考えられます。

2.4.5-2-6　気圧

　実験動物施設における気圧制御の主な目的は、動物の生理条件に及ぼす影響を一定にすることではなく、動物室、前室、廊下などに気圧（静圧）差を設けて微生物学的バリアを作り、病原微生物などが汚染区域からバリア区域に侵入するのを阻止することです。バリアシステム内の動物飼育室については、外部、廊下、飼育室、の順にそれぞれ10 〜 20Pa室圧を高く設定します。二重廊下方式の場合は外部、汚染廊下、飼育室、清浄廊下の順にそれぞれ10 〜 20Pa室圧を高く設定します。また、SPF動物の飼育などに用いるアイソレータは外部より150Pa陽圧とします。

　一方、感染動物室、RI動物室、吸入毒性実験室などは、内部を陰圧にして、それぞれ病原微生物、放射性物質あるいは人体に有害な物質が外部に拡散するのを防止しなければなりません。

2.4.5-2-7　換気

　給・排気により室内の空気を新鮮外気と入れ替えることを換気といい、換気量とは、狭義には外気の室内への導入量をいいます。

　実験動物施設では、微粒子、生物粒子、臭気を含む空気の清浄度を完全に保証するために、取り入れ空気のすべてを外気とする全外気方式が望ましいとされています。飼育室の排気の一部を再利用する再循環空気方式の利用は、微生物や臭気物質の再循環や、ダクトや空調機器がアンモニアガスなどで腐蝕されるなどのリスクを伴います。経済的理由により再循環空気をやむなく利用する場合には、有効なガスフィルタおよび高性能フィルタなどで還気を濾過する必要があります。

　換気回数とは、室内の空気を1時間当たり、外気と何回入れ替えるかを示す指標です。動物飼育室の換気回数として、米国の指針では10 〜 15回/h、ヨーロッパの指針では15 〜 20回/h、1966年のわが国の基準案では、10 〜 15回/hとされています。

　換気は、ケージ内や飼育室内の清浄度を維持するためのものです。飼育室内の清浄度は、給排気方式、動物の飼育方式や飼育匹数によって大きく異なるので、画一的な基準値を設定するのは困難です。しかし、通常用いられる飼育装

置を飼育室に均等に配置するような一般的な動物飼育室では、これまでの実績から換気回数15回/hは妥当な換気回数設定値と考えられます。また、一方向気流方式や個別換気ゲージシステムなどの特別な飼育装置を用いる場合は、これらの飼育装置が室内の清浄度維持にどれだけ機能するかを確認し、換気回数を設定する必要があります。

　室内の温度分布と清浄度の改善には、換気回数を増すほうがよいと考えられますが、一方でエネルギー消費量も換気回数の増大とともに大きくなります。これらの状況を考慮して、「実験動物施設の建築および設備のガイドライン」では、換気回数の基準値を6〜15回としています。

2.4.5-2-8　騒音および振動

　騒音や振動が激しい場合には、マウス、ラットの繁殖成績が低下し、また、騒音や超音波洗浄機から発生する高周波によって、聴原性痙攣を起こして死亡するマウス系統もあります。ヒトおよび各種動物の聴取可能な周波数範囲を図2.4.1に示します。

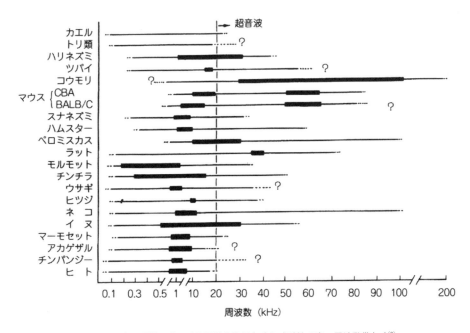

図2.4.1　各種動物の音の聴取可能な範囲（—）と感受性の高い周波数帯（▬）[3]

119

　このガイドラインでは、動物を飼育していない状態で、60dB（A）を超えないことを基準としています。

　動物の飼育作業時には、図2.4.2に示すように、ドアの開閉時や器具の落下時にかなりの騒音を発生しています。また、イヌ飼育室ではイヌ自身の鳴き声が90～110dB（A）に達するので、外部に対する配慮、つまり吸音や遮音の工夫も必要です。

　また、飼育室内では、自動給水装置や自動洗浄装置に設けられた電磁弁などによる騒音に配慮が必要です。これらは突発的な騒音発生源であり、動物への影響が大きいと考えられます。

　「実験動物施設の建築および設備のガイドライン」における上記の各種環境因子の基準値を一括して表2.4.4に示します。

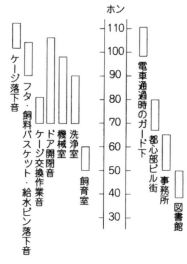

図2.4.2　飼育管理作業により発生する騒音[3]

表2.4.4　「実験動物施設の建築および設備のガイドライン」による環境条件の基準値[2]

環境要因		マウス、ラット、ハムスター、モルモット	ウサギ	サル、ネコ、イヌ
温度		20～26℃	18～24℃	18～28℃
湿度		40～60％（30％以下、70％以上になってはいけない）		
清浄度	塵埃	ISOクラス7（NASAクラス10,000）（動物を飼育していないバリア区域）		
	落下細菌	3個以下（動物を飼育していないバリア区域）		
		30個以下（動物を飼育していない通常の区域）		
	臭気	アンモニアの濃度で20ppmを超えない		
気流速度		動物の居住域において0.2m/秒以下		
気圧		周辺廊下よりも静圧差で20Pa高くする（SPFバリア区域）		
		周辺廊下よりも静圧差で150Pa高くする（アイソレータ）		
換気回数		6～15回/時　（給排気の方式によって適正値を決定）		
照度		150～300ルクス　（床上40～85cm）		
騒音		60dB（A）を超えない		

2.4.6　実験動物施設の空調設備

　動物実験の目的に適した実験動物を飼育・保管するためには、継続的な空調による環境制御が必要です。したがって、停電や機器の故障、およびエアフィルタの交換に対するバックアップ対策が必要となります。また、空気調和方式（空調方式）を選定するにあたって、空調ゾーニングの検討が必要です。空調ゾーニング（空調区域を目的をもって分けること）の検討は建築計画やシステム構築および運用方法に影響するので、ゾーニングの検討を最初に行うべきです。

　飼育動物種とその微生物学的清浄度レベルの違い、飼育室の使用頻度や室内洗浄・滅菌の頻度などの使用条件を考慮し、ゾーニングする必要があります。

　以下に各種空調方式の概要について記述します。表2.4.5に現在一般的に使用されている空調方式の分類を示します。

　空調方式は熱源中央方式と熱源分散方式とに分類され、さらに熱の搬送媒体によって細分化されています。それぞれに性能、設備費、運転費から見た長所または短所があり、また、各方式は施設の規模、使用目的、エネルギー供給源などを考慮して選択されます。

表2.4.5　空調方式の分類[2]

熱源中央方式	全空気方式	単一ダクト方式 再熱コイル方式 可変風量方式 二重ダクト方式 マルチゾーン方式
	空気－水方式 水－空気方式	ファンコイルユニット方式（ダクト併用） インダクションユニット方式 ゾーンユニット方式 放射冷暖房方式（ダクト併用）
	水方式	ファンコイルユニット方式 ユニットベンチレーター方式
熱源分散方式	ユニット方式	ルームエアコンディショナー方式 マルチユニット型エアコンディショナー方式 パッケージユニット方式 閉回路水熱源ヒートポンプ方式

2.4.6-1　全空気方式

　この方式は、空気調和機を機械室内に設置して、温度、湿度、空気の清浄度をコントロールできます。さまざまな規模の精度の高い空気調和に適用できますが、計画に当たっては以下の諸点に配慮しなければなりません。

121

　　還気の再循環はできるだけ避け、全外気方式とすることが推奨されます。

　　全空気方式の内単一ダクト（コンベンショナル）方式では、空気調和機からの給気を二次処理なしに、そのまま各室に送風します。そして、一室のサーモスタットやヒューミディスタット検出値を代表として温度、湿度の調節が行われるため、各飼育室の熱負荷条件が異なる場合には温・湿度のばらつきは避けられず、飼育室によっては設定値から大きなずれを生じることもあります。この方式は、飼育室数が少なく、各飼育室の熱負荷条件がほぼ同一の場合には問題ありませんが、多くの飼育室を空調する場合には不適です。

　　室内発熱など室内条件の異なる多くの飼育室が設けられる場合には、再熱コイルの採用例が多く、その例を図2.4.3および図2.4.4に示します。この方式は、

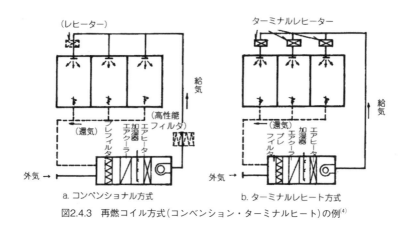

図2.4.3　再燃コイル方式（コンベンション・ターミナルヒート）の例[4]

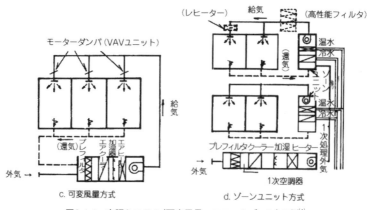

図2.4.4　空調システム（可変風量、ユニットゾーン）の例[4]

空気調和機からの給気を、各室設置されたサーモスタットおよび再熱器により再加熱し、送風する方法です。各室の温度をほぼ設定値通り調節でき、多数の室を個別調節する場合には適した方式です。

　一方、再熱コイル方式や定風量方式は、各室の部分負荷時にも一定風量を供給しているので、送風動力の浪費を伴うことになります。これに対して可変風量方式（図2.4.4、c）は、給気の温度と湿度を原則変えず、各室のサーモスタットによって送風量を調節する方法であるため、再熱コイル方式に比べて運転エネルギーを少なくできます。しかし室の換気量や気流分布が変動すること、湿度のぱらつきが大きくなりがちなことなど制御上の課題も多いため、間欠使用の局所排気が多い場合を除き、実験動物飼育室での採用例は少ないのが現状です。

2.4.6-2　空気併用方式

　この方式は、外気を、機械室設置の外調機で一定の温・湿度に調節して各室に送風するとともに、別に各室あるいは各ゾーンに冷水、温水、蒸気などを送り、室内ユニットまたはゾーンユニットで室の熱負荷を負担させる方式です。

　ゾーンユニット方式（図2.4.4、d）のうち、大型のものは全空気方式の空気調和機と質的に大きな違いはなく、さらに三次処理として再熱コイル方式などと組み合わせることも可能で、選定の基準は全空気方式に準じます。

　放射冷暖房方式は、イヌ、ネコ、ブタなどを柵内で飼育する場合には適用できる。小動物のゲージ飼育に当たっては、十分な量の熱放射を均等に到達させることは難しいので、あまり使用されていません。

2.4.6-3　個別熱源空調方式

　全外気形パッケージユニット方式は、全空気方式の簡易化されたものとして、小規模の実験動物施設に適用可能であり、再熱コイルを設けることもできますが、「除湿能力が低く、精密な温度制御が一般には困難」などの問題点があるので、この方式の採用には注意が必要です。

　汎用形のパッケージユニット方式は、風量、風速、空気浄化装置の取り付け、冬季のデフロスト対策などの制約条件があるため、仮設的な飼育施設を除いて実験動物施設には望ましくありません。

2.4.7　空気浄化装置

　動物飼育区域における空気浄化装置の主な対象は、給気処理では塵埃（大気塵、砂塵、花粉など）および微生物などであり、還気および排気処理では粉塵（動物の被毛、ふけ、床敷のくず、飼料くずなど）、微生物、悪臭ガスなどを含みます。

　塵埃および微生物の除去には、主としてエアフィルタを用います。電気集塵機は、濾過効率は高いが、停電や故障の場合には全く能力を失います。殺菌灯は微生物を不活化しますが、効果は必ずしも確実ではないので、補助的な役割に限定すべきです。悪臭ガスの除去には、対象ガスの性質に応じて、化学吸着剤や活性炭などを成形した脱臭フィルタや排気を水洗するスクラバーを用います。以下に、エアフィルタ、脱臭フィルタについて記載します。

2.4.7-1　エアフィルタ

　エアフィルタは、除塵性能によって表2.4.6のように分類されています。

　バリア施設への給気ならびに感染動物施設からの排気の処理には、超高性能フィルタ（High Efficiency Particulate Air（HEPA）フィルタ）を用います。HEPAフィルタには、粗大塵による目詰まりを防ぐために、必ずプレフィルタを装着します。さらに、HEPAフィルタの交換間隔をより長くするために、中性能フィルタを加えることが望ましいとされています。

　感染動物室の排気処理用エアフィルタの交換に当たっては、作業者や第三者の安全を保証できるように、フィルタボックスは独立させて消毒できるように設計すべきです。

表2.4.6　エアフィルタの分類[3]

分　　類	適応粉塵粒径 （μm）	適応粉塵濃度 （mg/m³）	圧力損失 （mm H₂O）	捕集効率 （%）	適用
粗塵用 エアフィルタ	5以上	0.1～7	3～20	重量法 70～90	プレフィルタ
中性能 エアフィルタ	1以上	0.1～0.6	8～25	比色法 45～90	中間フィルタ
高性能 エアフィルタ	1以下	0.3以下	15～35	DOP法 80以上	低レベル クリーンリーム
超高性能 エアフィルタ	1以下	0.3以下	25～50	DOP法 99.97以上	クリーン リーム

2.4.7-2　脱臭フィルタ

　実験動物施設での臭気の主な発生原因は、動物の排泄物によるものです。一般に、悪臭除去は希釈換気法に頼ることが多いとされています。

　実験動物施設から発生する臭気成分は、前述の臭気で述べたように種類は多いのですが、物質濃度ではアンモニアがもっとも高く、他の臭気成分はアンモニアに比べれば微量です。このような臭気を含んだ空気を施設外に排出する場合には、希釈だけでなく、各種の脱臭設備による脱臭も行われています。

　脱臭装置には、次のような方法があります。
　　(a)　湿式法：水洗法、酸・アルカリ洗浄法、イオン交換樹脂法
　　(b)　乾式法：吸着法、オゾン酸化法、直接燃焼法、酸化触媒法
　実験動物施設では、水洗法、酸・アルカリ洗浄法、および吸着法が用いられています。前二者は比較的大きなスペースを必要とし、またその性能維持のために十分な管理が必要となります。吸着法は、活性炭、活性二酸化マンガン、活性アルミナなどの吸着剤を用いられています。しかし、各種の臭気成分に対する吸着性能が異なり、またその破過時間も短いことも多いので、吸着剤の特性をよく知った上で選定する必要があります。

＜参考文献＞
⑴　環境省：実験動物の飼養及び保管並びに苦痛の軽減に関する基準
　　https://www.env.go.jp/nature/dobutsu/aigo/2_data/pamph/h2911.html
　　（2020年8月20日）
⑵　日本建築学会："最新版ガイドライン 実験動物施設の建築および設備"，アドスリー（2007）
⑶　Committee to Revise the Guide for Care and Use of Laboratory Animals, Institute of Laboratory Animal Resources. National Research Council："Guide for the Care and Use of Laboratory Animals", National Academy of Sciences, Washington(1996)
⑷　European Communities Council Directive：Guidelines for Accommodation and Care of Animals, Official Journal of European Communities Council Directive.(1986)
⑸　Society for Laboratory Animal Science："Planning Structures and Construction of Animal Facilities for Institutes Performing Animal Experiments", GV-SOLAS, Basel(1980)
⑹　Organization for Economic Cooperation and Development："Guideline for Testing of Chemicals", O.E.C.D(1980)
⑺　G.Clough, G., and Gamble. M.R.："Laboratory Animal Houses. A Guide to the Design and Planning of Animal Facilities", Medical Research Council Laboratory Animal Centre, Carshalton(1979)
⑻　環境調節実験室委員会小動物班（文部省総合研究班）："実験動物飼育施設の建築および設備計画の基準案"，実験動物，15，17-41(1960)
⑼　実験動物施設基準研究会："－ガイドライン―実験動物施設の建築および設備"，渭至書院(1983)
⑽　Office of Research Facility, National Institutes of Health：NIH Design Policy and Guidelines. Department of Health and Human Services (2003).
⑾　D.B.Sittman, W.C.Rollins, K.Sittman and R.B.Casady.：Seasonal variation in rabbit reproductive traits of New Zealand white rabbits. J of Reprod. Fertil.(1964)8, P.29-37
⑿　山内忠平："実験動物の環境と管理". 出版科学総合研究所，（1985）.
⒀　日本建築学会：実験動物施設の設計，彰国社(1989).

＜参考：実験動物に関する主な有用サイトのURL＞
実験動物の飼養及び保管並びに苦痛の軽減に関する基準の解説：環境省

https://www.env.go.jp/nature/dobutsu/aigo/2_data/pamph/h2911.html
研究機関等における動物実験等の実施に関する基本指針：文部科学省
https://www.mext.go.jp/b_menu/hakusho/nc/06060904.htm
動物実験の適正な実施に向けたガイドライン：日本学術会議
http://www.scj.go.jp/ja/info/kohyo/pdf/kohyo-20-k16-2.pdf
動物の愛護と適切な管理：環境省
http://www.env.go.jp/nature/dobutsu/aigo/index.html
Guide for the Care and Use of Laboratory Animals：ILAR
https://www.nap.edu/catalog/12910/guide-for-the-care-and-use-of-laboratory-animals-eighth
The AVMA Guidelines on Euthanasia：American Veterinary Medical Association
https://www.avma.org/sites/default/files/2020-01/2020-Euthanasia-Final-1-17-20.pdf

2.5　研究施設におけるバイオセーフティ管理

　医学、薬学、生物学などの研究において、実験室で病原体や遺伝子組換え生物を扱う際に、ヒトへの感染や環境への放出などのバイオハザード（生物学的危害）を防がなくてはなりません。そのため、バイオセーフティに関する規程や法律が定められており、各研究機関はそれらに準拠した規程を定め、各研究機関の責任で遵守しなければなりません。

　本書では、病原体や遺伝子組換え生物の取り扱いに関して遵守すべき規程や法律について概要を解説し、実験者の安全や環境への拡散防止のためにどのような対策をすべきかを紹介します。なお、各規程や法律の詳細情報や最新の情報については管轄する各省庁のHPなどをご参照ください。

2.5.1　病原体の取り扱い

　感染症の研究などでウイルスや細菌などの病原体を扱う際のバイオセーフティに関する規程を定めるうえで指針となるのは、WHO（World Health Organization：世界保健機関）が定めるWHO実験室バイオセーフティ指針第3版[1]などの参考文献です。また、国立感染症研究所における病原体等安全管理規定[2]もHPから閲覧することができ、参考とすることができます。

2.5.1-1　バイオセーフティレベル

　病原体はその感染性や病原性、治療法の有無等のリスクに応じて、リスク1からリスク4まで下記に示す4段階に分類されています（数字が大きいほどリスクの高い微生物になります。リスク分類はBSL（バイオセーフティレベル）1-4として記載されることもあります）。各病原体のBSLについては国立感染症研究所病原体等安全管理規程[2]などに記載されているので参考にすることができます。また、ヒトや動物由来の細胞株等についてもBSLが定められていることがあり、ATCC（American Type Culture Collection：米国のバイオバンク）などの分譲機関のHPなどで確認することができます。

●リスク群（BSL）分類[1][2]

・リスク群1（BSL1）：個体および地域社会へのリスクは無い、ないし低いヒトや動物に疾患を起す見込みのない微生物。弱毒化ワクチンなど。

・リスク群2（BSL2）：個体へのリスクが中等度、地域社会へのリスクは低いヒトや動物に疾患を起す可能性はあるが実験室職員、地域社会、家畜、環境にとって重大な災害となる見込みのない病原体。実験室での曝露は、重篤な感染を起す可能性はあるが、有効な治療法や予防法が利用でき、感染

が拡散するリスクは限られる。

※例：デングウイルス、日本脳炎ウイルス、インフルエンザウイルス（強毒株を除く）、ポリオウイルス、アデノウイルス、B型肝炎ウイルス、C型肝炎ウイルス、パピローマウイルス、ボツリヌス菌、腸管出血性大腸菌、コレラ菌、赤痢菌、クリプトスポリジウム属原虫など。

・リスク群3（BSL3）：個体へのリスクが高く、地域社会へのリスクは低い

ヒトや動物に重篤な疾患を起すが、通常は感染個体から他の個体への拡散は起こりくい病原体。有効な治療法や予防法が利用できる。

※例：MERSコロナウイルス、SARSコロナウイルス、ウエストナイルウイルス、黄熱ウイルス、ハンタウイルス、Bウイルス、ヘンドラウイルス、ニパウイルス、リフトバレー熱ウイルス、重症熱性血小板減少症候群ウイルス、狂犬病ウイルス(街上毒株、固定毒株)、炭疽菌、ブルセラ菌、結核菌、チフス菌、ペスト菌、日本紅斑熱リケッチアなど。

・リスク群4（BSL4）：個体および地域社会へのリスクが高い

通常、ヒトや動物に重篤な疾患を起し、感染した個体から他の個体に、直接または間接的に容易に伝播され得る病原体。通常、有効な治療法や予防法が利用できない。

※例：ガナリトウイルス、サビアウイルス、フニンウイルス、マチュポウイルス、ラッサウイルス、アイボリーコーストエボラウイルス、ザイールエボラウイルス、スーダンエボラウイルス、レストンエボラウイルス、天然痘ウイルス、クリミア・コンゴ出血熱ウイルス、レイクビクトリアマールブルグウイルスなど。

病原体を扱う実験施設についてもBSL1、BSL2、BSL3、BSL4に分類され、それぞれ必要な設備要件が異なります（数字が大きくなるほど厳しくなります表2.5.1、表2.5.2）。

表2.5.1　リスク群分類と、BSL分類の関連、主な作業方式、機器[1]

リスク群	BSL	実験室の型	作業方式	安全機器
1	基本-BSL1	基本教育、研究	基準微生物実験技術	特になし、開放型作業台
2	基本-BSL2	一般医療、診断、検査、研究	BSL1+保護衣、バイオハザード標識	開放型作業台+エアロゾル発生の可能性のある場合は生物学的安全キャビネット（BSC）
3	封じ込め-BSL3	特殊診断検査、研究	BSL2+特別な保護衣、入域の制限、一定気流方向	全操作をBSCないし、その他の封じ込め機器を用いて行う
4	高度封じ込め-BSL4	特殊病原体施設	BSL3+入口部はエアロック、出口にシャワー、特別な廃棄物処理	クラスIIIBSCまたは陽圧スーツ+クラスIIBSC、（壁に固定した）両面オートクレーブ、給排気は濾過

表2.5.2　BSL別施設基準[1]

	BSL			
	1	2	3	4
実験室の隔離 [1]	不要	不要	要	要
汚染除去時の実験室機密封鎖性能	不要	不要	要	要
換気：				
内側への気流	不要	望ましい	要	要
制御換気系	不要	望ましい	要	要
排気のHEPA濾過	不要	不要	要/不要 [2]	要
入口部二重ドア	不要	不要	要	要
エアロック	不要	不要	不要	要
エアロック+シャワー	不要	不要	不要	要
前室	不要	不要	要	-
前室＋シャワー	不要	不要	要/不要 [3]	不要
排水処理	不要	不要	要/不要 [3]	要
オートクレーブ：				
現場処理	不要	望ましい	要	要
実験室内	不要	不要	望ましい	要
両面オートクレーブ	不要	不要	望ましい	要
生物学的安全キャビネット	不要	望ましい	要	要
職員安全モニタリング設備 [4]	不要	不要	望ましい	要

1　一般交通より、環境的、機能的に隔離
2　排気系の位置による
3　実験室で取り扱われる病原体による
4　例、のぞき窓、有線テレビ、2方向通信系

　通常、取り扱う病原体のBSLと同じBSLの実験施設を使用することになりますが、実際の研究現場ではBSLを参考に、各研究機関の委員会等において取り扱う検体の病原性や伝播、実験施設の状況や実験内容（エアロゾルの発生リスク）など、危険度に応じて都度必要なBSLを決定します。実験時のBSLが変わる例として、国立感染症研究所のバイオリスク管理委員会では2020年1月30日に「新型コロナウイルス感染症（COVID-19）の病原体（SARS-CoV-2）はBSL3取り扱い」とし、一方で危険度が低いと推定される「SARS-CoV-2感染疑い患者由来の臨床検体はBSL2取り扱い」、としています。またHuman immunodeficiency virus（ヒト免疫不全ウイルス：後天性免疫不全症候群（AIDS）の原因ウイルス）の扱いについて従来はBSL3の扱いであったが、病原性発現機構の解明や投薬治療による病状のコントロールが可能になった状況等を鑑みて2019年10月1日より一定の条件下という制限付きですがBSL2として扱えるとしています。

2.5.1-2　バイオセーフティ実験に関する規程

　BSL3以上の実験を行う研究者は限られるため、本書では一般的に扱われることの多いBSL1、BSL2について記載します。

　微生物を取り扱う部屋のドアには、国際バイオハザード警告マークと標識（図2.5.1）を表示する必要があります。また、実験室の作業区域内に立ち入りを許されるのは認証された職員に限定され、バイオセーフティに関する知識のない人がむやみに入れないようにする必要があります。さらに、実験中は実験室のドアを閉めておかなければなりません。

図2.5.1　バイオセーフティ施設の表示[1]

　実験室での作業中は常に保護具（白衣・作業衣、手袋、安全眼鏡、顔面保護具など）を着用しなければなりません。また、実験室の作業区域内での飲食、喫煙、化粧を行うことは禁止されています。
　実験手順はエアロゾルの飛沫の発生を最小限に食い止める方法で実施しなければなりません。実験室は整然と保ち、清潔に維持し、作業に不必要なものはおかないようにします。汚染物については必ず滅菌した後に廃棄します。
　BSL1, 2実験室の設計の基準や、実験機器についても規定が定められています。特に、感染性の試料を取り扱う場合や試料の破砕などエアロゾルを発生する可能性の高い手順が使われている場合には生物学的安全キャビネット（biological safety cabinet：BSC）を使用することが定められています。BSCは庫内を陰圧に保ち、HEPAフィルターによりBSC内の病原体が外部に漏れない構造になっており、さらに滅菌吸気やエアカーテンにより実験者と病原体を隔

離し、感染性エアロゾルや飛沫への暴露から実験者を保護するように設計されています。BSCの本来の性能を確保するために、BSC内の気流の乱れが起きにくい場所（ヒトの往来の頻度が低い、実験室のドアから離れている、など）に設置する、実験者が手を入れる際や実験中にBSC内の気流を乱さないようにする、空気の出入り口を試料などで塞がない、定期点検の実施、などの対応が必要になります。

　BSL2の動物実験室においても規定が定められ、ドアは内開きで自動閉鎖式とする、立ち入りは認可されたものに限る、実験に使用する動物以外に別の動物を持ち込んではならない、安全キャビネットやオートクレーブの設置、飼育ケージの除染、動物の死体の焼却、施設内での防護衣の着用および退出時の脱衣、退出時の手洗いなどの対応が必要です。

　実験室のバイオセーフティの考え方を拡大し、実験室でのバイオセキュリティ（病原体および毒素の紛失、盗難、悪用、転用または意図的放出の予防）についても対策する必要があり、保管場所の管理や立ち入り者の限定、訓練などを行う必要があります。

　事故等による緊急時の対応手順についても事前に策定しておく必要があります。病原体に暴露された実験者への対応、汚染部位の除染、緊急時の連絡体制などを文書化した安全マニュアルを事前に作成しておく必要があります。加えて、救急薬セットなどの設置なども必要になります。

　実験室におけるバイオセーフティにとって消毒と滅菌に関する情報は特に重要です。次亜塩素酸ナトリウムやアルコール、その他殺菌剤等による消毒・滅菌、オートクレーブによる滅菌などが一般的に行われますが、取り扱う病原体の不活化に必要な条件（濃度、温度、暴露時間など）に関する情報を確認し、確実に不活化することが必要になります。

　感染性試料の運搬に関しても規定が定められています。輸送時の基本は三重包装システムになります。試料を入れる一次容器は防水性があり防漏型で、破損した場合や漏れた場合に液体全部を吸収するのに十分量の吸収材と共に包装します。二次容器は一次容器を入れ保護するための、耐久性があり、防水性で防漏型の第二番目の容器になります。二次容器は適切なクッション材と共に出荷用の外装容器（三次容器）に納めます。輸送する感染性試料の危険度によりカテゴリー A（特定病原体など、その物質への曝露によって、健康なヒトに恒久的な障害や、生命を脅かす様な、あるいは致死的な疾病を引き起こす可能性のある状態で輸送される感染性物質）、カテゴリー B（カテゴリー Aの基準に該当しない感染性物質）に分類され、各々包装容器や外装へのラベルが異なります。

　実験室における安全確保のためバイオセーフティ管理者の任命とバイオセーフティ委員会の設置をする必要があります。バイオセーフティ委員会は病原体を扱う実験の審査を担当し、同時にリスク評価、新たな安全方針の策定も担当します。また、研究員への定期的な教育訓練を行い、バイオセーフティに関する意識を高めることも大切です。加えて、健康診断など研究員の健康管理をすることも必要です。

2.5.2　遺伝子組換え生物の取り扱い

　遺伝子組換え技術の発展により、農業や医療などの私たちの暮らしを支える様々な産業分野で遺伝子組換え技術は活用されています。また、医学・薬学・生理学・農学・生物学・生化学などの研究分野において遺伝子機能などを調べるために大腸菌やウイルス、遺伝子組換え動物などの使用が欠かせないものとなっています。遺伝子組換え技術により自然界に存在しない生物を創り出すことは、その生物の病原性や伝播性はもちろん、環境や生態系に与える影響についても十分に考慮する必要があります。こうした背景から、地球上の生物の多様性の保全と持続可能な利用などを目的とした国際的な条約であるカルタヘナ議定書が2003年9月に発効され、日本においてはカルタヘナ法が2004年2月より施行されています。

　カルタヘナ法の正式名称は「遺伝子組換え生物等の使用等の規制による生物の多様性の確保に関する法律」で、日本国内において遺伝子組換え生物の使用等についての規制をし、生物多様性条約カルタヘナ議定書を適切に運用するための法律です。カルタヘナ法では農作物や遺伝子治療用ウイルスなど開放系での使用を対象とした第一種使用等と、実験室や工場など閉鎖系（拡散防止措置の下）での使用を対象とした第二種使用等とに区分されています。第一種使用等では生物多様性への影響が生ずる恐れが無いことが承認されたものに限って使用することができます。一方で、第二種使用等では環境中への拡散を防止するために定められた方法の下で使用することができます。カルタヘナ法は扱う対象によって、環境省、財務省、文部科学省、厚生労働省、農林水産省、経済産業省の共同所管法となっています。

　本書では第二種使用等に該当する、「研究施設における拡散防止措置」に関して概要を紹介します（以下、二種省令、二種告示などと表記します）。詳細については管轄である文部科学省のHP[3]をご参照ください。

　カルタヘナ法の対象となるものは、「細胞外において核酸を加工する技術または異なる分類学上の科に属する生物の細胞を融合する技術によって得られた

核酸またはその複製物を有する生物」とされています。そのため、自然交配下の突然変異により生じた生物は対象とはなりません。また、生物にはウイルスや細菌、動植物の個体や胚、種子などが含まれますが、培養細胞など生物ではないものは対象外となります。例外的に、ヒトはカルタヘナ法下では生物として位置づけられておりません。使用等には実験用材料としての使用に加えて、飼育、培養、保管、運搬、廃棄まで含まれています。誤った使用等をすることは法令違反になりますので研究者は法令の内容を理解し遵守しなければなりません。

2.5.2-1　拡散防止措置レベルの決定

　研究において遺伝子組換え生物を使用する際には、その微生物等の特性に応じた拡散防止措置をとる必要があります。拡散防止措置レベルには微生物使用実験の場合P1、P2、P3、P4の四段階があり、数字が大きくなるほど厳しい拡散防止対策が必要になります。必要な拡散防止措置レベルについては、遺伝子組み換え実験計画の内容から各研究機関内で十分に精査します。精査に当たっては各機関で組織の責任者、研究の専門家、安全管理責任者などを含む遺伝子組換え審査委員会により、過去の研究や論文等を基に十分に議論する必要があります。実験内容が省令や告示に定められた措置の範囲内の場合（機関承認の範囲内の場合）、機関の責任の下で実験を実施します。実験内容が省令や告示に措置が定められていない場合（二種省令別表第一（第四条関係）に該当する場合など）は文部科学省へ実験内容ととるべき拡散防止措置の確認申請を行う必要があります。機関内で十分に精査した上で文部科学省へ確認申請を行い、承認された後に申請内容及び法令等に即して機関の責任の下で実験を実施します。

　第二種使用等に当たってとるべき拡散防止措置レベルについては「実験の種類」と「実験分類」から判断します。「実験分類」には「微生物使用実験（P1、P2など）」「大量培養実験（LS1、LS2など）」「動物使用実験（P1A、P2Aなど）」「植物使用実験（P1P、P2Pなど）」「細胞融合実験」に区分されます。また、「実験分類」は病原性と伝播性のリスクから表2.5.3の４つのクラスに区分されています。

　実験で取り扱う生物種がどのクラスに分類されるのかについては二種告示別表第２を確認することができます。微生物のクラスは多くの場合BSLと一致しますが、BSLとクラスは異なる規制に基づきますので、各々の研究目的に合わせて確認、判断することが必要になります。

　ある生物（大腸菌など）に別の生物（ヒトなど）の遺伝子を移入する場合、遺伝子が移入される生物を宿主（大腸菌など）、移入する遺伝子を供与核酸、供与核

表2.5.3　実験分類[3]

クラス1	微生物、きのこ類及び寄生虫のうち、哺乳動物等に対する病原性がないもの、および動物、植物
クラス2	微生物、きのこ類及び寄生虫のうち、哺乳動物等に対する病原性が低いもの
クラス3	微生物及びきのこ類のうち、哺乳動物等に対する病原性が高く、かつ、伝播性が低いもの
クラス4	微生物のうち、哺乳動物等に対する病原性が高く、かつ、伝播性が高いもの

酸の由来となっている生物(ヒトなど)を核酸供与体と呼び、宿主と核酸供与体のクラスから実験の拡散防止措置レベルを決定します。

　例として、医学・生物学などの研究分野で良く使われる実験例における拡散防止措置レベルの判断方法を挙げます。こちらに示しているものは例ですので、実際の研究現場では個々の実験内容について詳細まで十分に精査し、必要な拡散防止措置レベルを判断する必要があります。

　　例1．GFPタンパク質を発現するレンチウイルスベクターを作製し、培養細
　　　　　胞に導入する実験

　ノーベル化学賞受賞者の下村脩先生が発見された緑色蛍光タンパク質(green fluorescent protein：GFP)の遺伝子を、細胞への遺伝子導入効率の高いレンチウイルスベクター(ベクターとは遺伝子の運び屋の意味でつかわれます)によって細胞に遺伝子を導入する実験の拡散防止措置レベルについて考えます。

　この実験を行う際には、一般的には、大きく分けて以下の3つのステップで行われますので、各ステップについてとるべき拡散防止措置レベルを判断します。

　STEP1．　GFP遺伝子を含むプラスミドベクターの作製、増幅

　GFP遺伝子をプラスミドベクター（小型のDNA）に組み込み、大腸菌で増幅させます。この場合、供与核酸はGFPとなり、「核酸供与体はオワンクラゲなのでクラス1」、「宿主の大腸菌はクラス1」、「実験の種類は微生物使用実験」となるため、これらの情報から二種省令第五条一号イを適応し、P1レベルの拡散防止措置をとる必要がある、と判断します。

　STEP2．　組換えレンチウイルスベクターの作製

　STEP1で作製したプラスミドベクターと、レンチウイルスベクターのパッケージングプラスミドベクター（組換えレンチウイルスを作製するのに必要なタンパク質を発現させるために必要なプラスミドベクター）を細胞に導入し、組換えレンチウイルスベクターを作製します。一般的な方法で作製されるレン

チウイルスベクターは自立増殖ができませんので、二種省令別表第一第一号へに該当しません。宿主であるヒトレンチウイルスのクラスは 3 ですが、作製されるレンチウイルスベクターが二種告示別表第 2 第 2 号の「Human immunodeficiency virus（略称：HIV）1 型の増殖力等欠損株」の要件を満たしている場合クラス 2 として扱われます。そのため、「供与核酸のクラスはオワンクラゲのクラス 1」、「宿主のレンチウイルスは要件を満たしている場合クラス 2」となり、「実験の種類は微生物使用実験」となるため、二種省令第五条一号イを適応し、P2 レベルの拡散防止措置をとる必要があります。

　STEP3.　培養細胞へのレンチウイルスベクターの導入

　培養細胞は生物ではないため、使用する組換えレンチウイルスベクターのクラスに合わせて STEP2 と同様に、P2 レベルの拡散防止措置をとる必要があります。

　　例 2．GST 融合ヒトタンパク質を組換えバキュロウイルスを用いて発現、精製する実験

　昆虫細胞とバキュロウイルスを用いたタンパク質発現系は効率的にタンパク質を合成することができるため、タンパク質の構造解析や機能解析などの実験に良く使われます。今回は組換えバキュロウイルスを作製し、タンパク質を発現させる実験に必要な拡散防止措置レベルについて考えます。

　この実験を行う際には、一般的には、以下の 2 つのステップで行われます。

　STEP1.　GST 融合ヒトタンパク質を発現する遺伝子を含むプラスミドベクターの増幅

　目的遺伝子をプラスミドベクターに組み込み、大腸菌で増幅させます。グルタチオン S-トランスフェラーゼタンパク質（Glutathione S-transferase：GST）は目的のタンパク質を精製する際の「タグ」として使用されます。GST タンパク質をヒト遺伝子に融合させることで、グルタチオン固定化担体によるアフィニティークロマトグラフィーで効率良く目的のヒトタンパク質を精製することができるために広く利用されます。このようなケースの場合、供与核酸は GST 遺伝子とヒト遺伝子となりますので、二つの核酸供与体のクラスを考慮する必要があります。「GST 遺伝子の核酸供与体は日本住血吸虫でクラス 2」、「ヒトはクラス 1」、「宿主の大腸菌はクラス 1」、「実験の種類は微生物使用実験」となります。二種省令第五条一のイを適応した場合には日本住血吸虫のクラスに合わせて P2 レベルの拡散防止措置をとる必要がありますが、GST 遺伝子は同定済み核酸でありかつ、哺乳動物等に対する病原性及び伝達性に関係しないことが

科学的知見に照らし推定されますので、二種省令第五条第一号ハを適応し、P1レベルの拡散防止措置をとることが必要になります。

STEP2.　組換えバキュロウイルスの作製とタンパク質発現

STEP1で作製したプラスミドベクターから目的の遺伝子をバキュロウイルスDNAに組み込みます。作製したDNAを昆虫細胞に導入して組換えバキュロウイルスを作製します。一般的には作製されたバキュロウイルスは自立増殖が可能ですが、バキュロウイルスは二種告示別表第3に含まれますので二種省令別表第一第一号ヘに該当せず機関で承認します。「宿主のバキュロウイルスはクラス1」、「実験の種類は微生物使用実験」となり、核酸供与体に関してはSTEP1と同様の考え方で二種省令第五条一号ハを適応し、P1レベルの拡散防止措置をとる必要があります。

実際の研究現場においては、実験の内容は多岐に渡り、iPS細胞やトランスジェニックマウス・ノックアウトマウスの使用、モダリティの多様化に伴うアデノ随伴ウイルスを用いた遺伝子治療研究やCAR-T（キメラ抗原受容体（chimeric antigen receptor：CAR)を用いた遺伝子改変T細胞)療法の研究など、近年は益々多様化しています。また、新型コロナウイルスSARS-CoV-2については2020年8月現在、「哺乳動物等に対する病原性及び伝播性が科学的知見に照らし推定されないため現行告示において実験分類の区分が定まられていないもの」とされており、宿主または核酸供与体がSARS-CoV-2である遺伝子組換え実験は二種省令別表第一第一号イに該当し、全ての実験についてあらかじめ文部科学省による拡散防止措置の承認を得ることが必要となっています。

このように、拡散防止措置レベルの決定の際には高いレベルでの法令の理解と実験内容の理解の双方が必要となり、遺伝子組換え審査委員会は高い専門性を有したメンバーで構成される必要があります。

2.5.2-2　拡散防止措置の内容

各拡散防止措置レベルの内容については二種省令別表第二から第五に記載されています。本書ではその中から一部を抜粋いたします。また、一般的に実験を行う機会の多いP1、P2、P1Aレベルについて表2.5.4に記載します。

P1レベルでは主に、廃棄の前に遺伝子組換え生物を不活化する、実験中は実験室の扉や窓は閉じておく、実験室への立ち入り者の制限などが定められています。P2レベルでは安全キャビネットや高圧滅菌器（オートクレーブ）の設置、P2レベル実験中であることの表示などが定められています。P1Aレベルでは動物の逃亡防止のための措置（ネズミ返しの設置など)や組換え動物等飼育

中であることの表示などが定められています。

表2.5.4　拡散防止措置の内容[3]

拡散防止措置の区分	拡散防止措置の内容
P1レベル	・実験室が通常の生物の実験室としての構造及び設備を有すること。 ・遺伝子組換え生物等を含む廃棄物については、廃棄の前に遺伝子組換え生物等を不活化するための措置を講ずること。 ・実験台については、実験を行った日における実験の終了後、及び遺伝子組換え生物等が付着したときは直ちに、遺伝子組換え生物等を不活化するための措置を講ずること。 ・実験室の扉については、閉じておくこと。 ・実験室の窓等については、閉じておく等の必要な措置を講ずること。 ・すべての操作において、エアロゾルの発生を最小限にとどめること。 ・遺伝子組換え生物等を取り扱う者に当該遺伝子組換え生物等が付着し、又は感染することを防止するため、遺伝子組換え生物等の取扱い後における手洗い等必要な措置を講ずること。 ・実験の内容を知らない者が、みだりに実験室に立ち入らないための措置を講ずること。
P2レベル	上記P1レベルの要件に加えて、 ・実験室に研究用安全キャビネットが設けられていること（エアロゾルが生じやすい操作をする場合に限る。）。 ・遺伝子組換え生物等を不活化するために高圧滅菌器を用いる場合には、実験室のある建物内に高圧滅菌器が設けられていること。 ・エアロゾルが生じやすい操作をするときは、研究用安全キャビネットを用いることとし、当該研究用安全キャビネットについては、実験を行った日における実験の終了後に、及び遺伝子組換え生物等が付着したときは直ちに、遺伝子組換え生物等を不活化するための措置を講ずること。 ・実験室の入口及び遺伝子組換え生物等を実験の過程において保管する設備（以下「保管設備」という。）に、「P2レベル実験中」と表示すること。 ・同じ実験室でP1レベルの実験を同時に行うときは、これらの実験の区域を明確に設定すること。
P1Aレベル	上記P1レベルの要件に加えて、 ・実験室については、通常の動物の飼育室としての構造及び設備を有すること。 ・実験室の出入口、窓など、遺伝子組換え動物の逃亡の経路となる箇所に、当該組換え動物等の習性に応じた逃亡の防止のための設備、機器又は器具が設けられていること。 ・組換え動物等を、移入した組換え核酸の種類又は保有している遺伝子組換え生物等の種類ごとに識別することができる措置を講ずること。 ・実験室の入口に、「組換え動物等飼育中」と表示すること。

2.5.2-3　遺伝子組換え生物の保管・運搬

遺伝子組換え生物の保管や運搬に関しては二種省令第六条、第七条に規定がされています。保管時、運搬時共に遺伝子組換え生物の漏出や逃亡が起こらない容器に入れる必要があります。保管に当たっては容器の見やすい場所に「遺伝子組換え生物等である表示」をし、さらに保管場所（冷凍庫など）の見やすい場所に「遺伝子組換え生物等を保管している表示」をする必要があります。運搬に当たっては、運搬時の事故等によって保管容器が破損した場合でも遺伝子組換え生物等が漏出、逃亡しない構造の容器に入れる必要があり、最も外側の容器の見やすい箇所に「取扱注意」の表示をすることなどが定められています。

2.5.2-4　遺伝子組換え生物等を譲渡する際の情報提供

遺伝子組換え生物を譲渡する際には譲渡先へ情報提供を行うことが定められています。含むべき情報としては「遺伝子組換え生物の第二種使用をしている旨」「遺伝子組換え生物等の宿主および供与核酸」「譲渡者の氏名及び住所」など

です。情報提供の方法としては「文書や電子ファイル等」「遺伝子組換え生物の包装もしくは容器への表示」などです。研究者が注意すべき例としては、実験に使用する研究用試薬などを購入し、購入する際には遺伝子組換え生物が含まれていることを知らず、試薬が納品された際に試薬の容器に遺伝子組換え生物が含まれる情報提供がなされている場合などがあります。この場合、適切な拡散防止措置をとり試薬を使用しなければ法令違反に繋がりますので注意しなければなりません。また、米国はカルタヘナ法を批准しておらず、情報提供の義務もないため、米国の研究機関から直接研究用材料を輸入する場合には、材料に遺伝子組換え生物が含まれていないかどうか事前に確認しておく必要があります。

2.5.2-5　まとめ

遺伝子組換え生物を用いた研究では、使用する組換え生物の特性を理解した上で、実験中の拡散防止措置を定める必要があり、さらに保管方法、譲受・譲渡の際の情報提供や運搬方法など多くの規定が定められています。文部科学省確認の必要性の有無や、組換え生物の不活化方法などを十分に理解・議論し適切に対応する必要があるため、遺伝子組換え実験審査委員会のメンバーはもちろん、研究者一人ひとりが正しく法令を理解する必要があります。そのため、遺伝子組換え実験に関しても研究員への定期的な教育訓練の実施なども必要となります。

終わりに

実際の研究現場では、「実験室バイオセーフティ指針」や「カルタヘナ法」に加えて、取り扱う検体によっては「感染症の予防及び感染症の患者に対する医療に関する法律」「家畜伝染病予防法」「薬機法」など他の法律等にも基づいた対応が必要になります。各研究施設内の実験に必要な対応については、最終的には各機関の責任で総合的に判断することが求められておりますので、各法令、規程について十分に理解し、抵触していないかどうか確認する必要があります。

＜参考文献＞

⑴　実験室バイオセーフティ指針（WHO第3版）バイオメディカルサイエンス研究会
　　https://www.who.int/csr/resources/publications/biosafety/Biosafety3 j.pdf
⑵　国立感染症研究所　病原体等安全管理規定
　　https://www.niid.go.jp/niid/ja/byougen-kanri/8136-biosafe-kanrikitei.html
⑶　文部科学省　ライフサイエンスの広場　生命倫理・安全に対する取り組み
　　https://www.lifescience.mext.go.jp/bioethics/index.html

第**3**章

微生物測定法

3.1　浮遊微生物測定法の分類

　浮遊微生物の測定には培地を用いる方法と用いない方法があります。ここでいう微生物とは細菌と真菌のことを指しています。なお、ウイルスは全て生体の中でしか増殖しないため、増殖させるためには特殊な細胞培養法が用いられます。

　培地を用いる方法では、浮遊微生物粒子のサンプリングと培養の2段階の作業が必要になります。サンプリング方法には、日本で最も一般的に使用される衝突法のほか、欧米でよく使用されるフィルタ法および主に実験室などで使用されるインピンジャ法があります。

　微生物の培養において、環境中の細菌の培養には一般的に極めて広範囲の菌の発育に適するトリプトソーヤ(SCD)寒天培地が用いられていますが、人由来の細菌を測定する場合には、選択培地として血液培地を用いる方法があります。また真菌の培養には一般的ポテトデキストロース(PDA)寒天培地、ジクロラン-グリセロール(DG18)寒天培地などが使用され、ISOはこれらの培地を推奨しています[1]。

　一方、培地を用いない方法では微生物を直接測定するのではなく、その代謝物のある条件下での発光量を測定する方法や、微生物のDNAの塩基配列を解析する菌叢解析の方法があります。前者は、培養が不要なため短時間または瞬時で結果が得られるという特徴があり、後者は、近年、次世代シーケンサーの実用化により解析技術は著しく進歩しています。

3.2　浮遊微生物の測定法

3.2.1　衝突法

3.2.1-1　原理

　空中を浮遊する粒子が持っている慣性力は、その粒子の粒径または運動速度が大きいほど大きくなります。衝突法はこの慣性衝突原理を応用したものです(図3.1)。慣性衝突による浮遊微生物粒子の捕集率を左右するパラメータはStokes数(式3.1)です[2]。

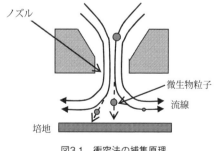

図3.1　衝突法の捕集原理

ノズル

微生物粒子

流線

培地

$$S_{tk} = \frac{\rho_p d_p^2 C_c U}{9\eta d_f} \qquad \cdots (3.1)$$

S_{tk}：Stokes数

ρ_p：粒子の密度（kg/m^3）

d_p：粒径（m）

C_c：すべり補正計数（－）

U　：流体の代表速さ（m/s）

η　：流体の粘性（kg/m・s）

d_f：流れの代表長さ（インパクトジェット直径）（m）

Stokes数が大きくなるにつれその慣性衝突の捕集率は高くなります。Stokes数が大きくなる要素として、粒子の大きさ（粒径）と密度が大きいこと、粒子の運動速度が大きいことなどが挙げられます。

3.2.1-2　種類と特徴

現在一般に使用されている衝突法の測定器の種類とその特徴を表3.1に示します[3]。図3.2～図3.4に衝突法の測定器の例を示します[3]。

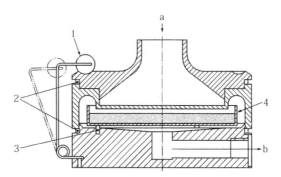

1 締め金、2 シール・リング、3 培地設置装置、4 培地、a 吸気口、b 排気口

図3.2　衝突法の計測器例

表3.1　衝突法の浮遊微生物粒子測定器

方式	測定方法	サンプリング		利点・注意点
		吸引量 (L/min)	時間 (min)	
1段多孔型	1段の固体板に多数の孔を設けて浮遊微生物粒子を含んだ空気を孔を通して吸引し，慣性力の大きい微生物粒子は流線の屈曲に追随できずに寒天培地に衝突し捕集されるものである。9cm培地使用。	100	0.5〜120	簡便な携帯型がある。製造者によっては捕集効率のばらつきがある。
多段多孔型	孔径の異なる多孔板を直列に重ねたものである。下流になるにつれ孔径が小さくなるため，慣性力の大きい粒子は上流の段，より小さい粒子は下の段に捕集される仕組みになっている。9cm培地使用。	28.3	任意	粒径別浮遊微生物粒子の測定ができる。1回の測定に6枚または8枚の培地を使用するため，やや手間がかかる。
スリット型	スリットから空気を吸引し，寒天培地に流線からはずれた微生物粒子を衝突させるものである。9cmまたは15cmの培地使用。	28.3	3〜60	1枚の培地で浮遊微生物粒子濃度の経時変化の測定ができる。培地設置の高さに要注意。
遠心型	円筒内にある10枚刃の回転羽根を高速回転させることにより，吸引空気中の微生物粒子を専用培地板挿入口に差し込んである培地に吹き付けるものである。特製帯状培地使用。	40	0.5〜8	ハンディータイプのため使いやすい。流量のキャリブレーションが確かでない。現在100L/minの機種も販売されている。

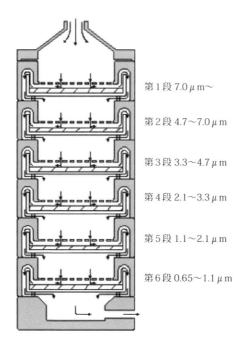

第1段 7.0μm〜

第2段 4.7〜7.0μm

第3段 3.3〜4.7μm

第4段 2.1〜3.3μm

第5段 1.1〜2.1μm

第6段 0.65〜1.1μm

図3.3　衝突法の計測器例（多段）

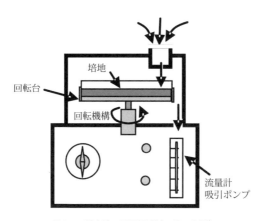

培地

回転台

回転機構

流量計
吸引ポンプ

図3.4　衝突法の計測器例（スリット型）

143

3.2.2　フィルタ法

3.2.2-1　原理

　フィルタ法は文字通りフィルタのろ過原理を応用したものです。ろ過では主として慣性衝突、さえぎり、拡散および静電気の4つの機構によりフィルタ近傍の浮遊微生物粒子を捕集しています（図3.5）。実際の場合、フィルタによる粒子の捕集は上記の複数の機構によりますが、粒子径によってその主な捕集機構は異なります。ろ過による捕集効率は粒子径0.2μm前後を境にそれより大き

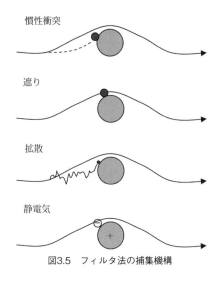

慣性衝突

遮り

拡散

静電気

図3.5　フィルタ法の捕集機構

い粒子は慣性衝突、小さい粒子は拡散の機構が主になり、したがって、細菌（0.5μm～）、真菌（2μm～）のような微生物粒子においては、慣性衝突が主な捕集機構になります。

3.2.2-2　種類と特徴

　フィルタ法のフィルタには一般にポリカーボネートとゼラチンが用いられます。両者は共にメンブラン構造となっており、1μm以上の浮遊真菌胞子に対する捕集効率は95%以上とされています。また、ゼラチンフィルタは水溶性であるため、サンプリング後滅菌リン酸緩衝液または滅菌生理食塩水に溶かして培養に用いるか、そのまま培地上に貼付し培養するかのどちらの方法もとれます。図3.6にフィルタ法の構成例を示します[4]。

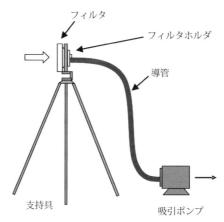

フィルタ

フィルタホルダ

導管

支持具

吸引ポンプ

図3.6　フィルタ法測定器構成例

3.2.3　インピンジャ法

3.2.3-1　原理

インピンジャ法はサンプル空気を捕集溶液(滅菌生理食塩水)にバブリングすることにより空気中の微生物粒子を捕集液に捕集するものです。

3.2.3-2　種類と特徴

市販のインピンジャはその容量によっていろいろなものがあり(大凡10〜30mL)、1段か2段を用いることがありますが、一般に1段より直列の2段の方が捕集率は高くなります(図3.7[4])。

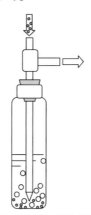

図3.7　インピンジャ法測定器構成例(1段型)

3.3　表面付着微生物捕集法の機能的特徴

3.3.1　表面付着微生物捕集法の分類

　表面付着微生物の捕集法に掃除機法、スタンプ法、スワブ法、テープリフト法があります。掃除機法は一定の床面積に堆積しているフロアダストを一定の時間をかけて採集する方法です。ダニアレルゲンの研究などにもよく使用される方法ですが、堆積微生物の量が多い場合に、希釈倍率を変えて対応できるメリットがあります。一方、堆積・付着微生物量が少ない場合は、この方法が適用できず、一般にスタンプ法、スワブ法、テープリフト法が用いられています。

3.3.2　掃除機法

　床面に堆積・付着するダスト（フロアダスト）中の微生物が調べられるようになったのは、1970年前後であり、それは現代の居住環境の気密性・断熱性の向上により、室内の温熱環境が季節を問わず微生物の生息にとって好条件になっているためです。

　フロアダスト中の微生物の定量はダストの採取、微生物の抽出、微生物の培養との3段階で行われ、採取できるダストの量を勘案して、筆者らはハンディタイプの集塵機を用いています。フロアダスト中の微生物量を定量するために、1g当たりのcfu（colony forming unit、集落形成単位）を求める必要があり、重量への寄与度が大きく、微生物との関係の少ない大きいダストを除去する必要があります。筆者らはダニアレルゲンの研究と同様に、採集したフロアダストを篩い落としたファインダスト（使用メッシュ：300μm）を分析の試料としています。また、微生物の抽出については、天秤でファインダストの重量を計り、滅菌緩衝リン酸液10mLに浸し、均一になるように攪拌したのち、スパイラルプレダーなどを用いて培地1枚につき50μLを塗布し、微生物の培養・計数・同定を行います。

　上記の方法では、フロアダストの抽出液（10mL）の1/200の50μLを真菌の分析対象としているため、ハウスダスト中にカビの量が少ない場合の定量は難しくなります。フロアダストが少ないと予想される場合、スワブ法、培地法、テープ法（tape-lift法）が用いられます。

3.3.3　スワブ法

　生菌をサンプリングする場合、一般の測定対象10cm×10cmまたは5cm×5cmの対象面を、緩衝リン酸滅菌液に浸かった綿棒でふき取ります（図3.8左）。

ふき取ったのち、綿棒を緩衝リン酸液に戻し菌を抽出します。一定量50μℓまたは100μℓの菌液を培地に均等に塗布し培養します。

　一方、近年では菌叢解析のためにメタゲノム手法が用いられます。メタゲノム解析は、培養のプロセスを経ずに、環境サンプルから直接に回収したDNAを解析するもので、培養できないとされている微生物のDNAも解読できるようになっています。メタゲノム手法を用いた場合、図3.8の右のように、Secur Swab (DUO-V) を用いて対象表面の付着菌をふき取ります。拭取り開始直前に一方のスワブにDNAフリー水を100μL滴下し、それを前方にこすります。従って、濡れている前の綿棒は測定対象面を濡らしながら、後ろの1本の綿棒でふき取ることになります[5]。

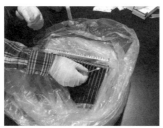

図3.8　ふき取り法の例

3.3.4　スタンプ法

　市販のスタンプ培地を用い、被測面に密着させてサンプリングを行います。サンプリング後の培地をそのまま培養できる簡便な方法です。なお、培地の栄養源が被測面に残るため、二次汚染が起きないように測定後アルコールなどで測定表面をふき取る必要があります。

3.3.5　テープ法

　テープ法（tape-lift法）は、粘着性テープを被測面に密着させて表面に付着している微生物をテープに転写させ、その後テープを培地に密着させ培養する方法です。テープ法は上記のスタンプ法と同様に、理論的には測定対象表面の付着微生物が1cfuしかなくても測定できます。

　図3.9に、菌液を抽出し培地に塗布する掃除機法とスワブ法、スタンプ法、テープ法の培養後のコロニー状態を示します。

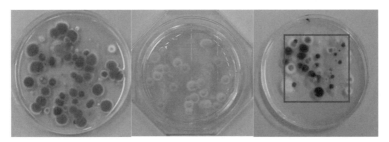

図3.9　掃除機法・スワブ法(左)、スタンプ法(中)、テープ法(右)の測定例

3.4　落下法

　　落下測定法は一定時間内に一定面積へ自然落下する細菌や真菌を測定する方法であり、捕集手段として一般に寒天平板培地が用いられます。落下法は簡便な点に特徴があり、医薬品・化粧品製造工場の品質管理の視点から言うと、製品に直接影響を及ぼすのは付着・落下菌に限られます。

　　図3.10に浮遊微生物、図3.11に同時に行った落下菌の測定結果の例を示します[6]。表3.2に日本建築学会環境基準(管理規準)を示します[7]。図3.10に示している通り、室内浮遊細菌濃度の最大値は約80CFU/m^3(40CFU/500L)程度であり、表3.2で言えばグレードCにあたります。一方、落下菌の最大値は1CFU/(10分・プレート)(6 CFU/(60分・プレート))であり、表3.2のグレードAをク

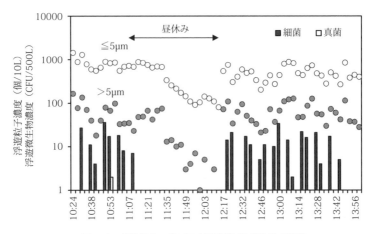

図3.10　某化粧品工場BCR内浮遊粒子と微生物の濃度

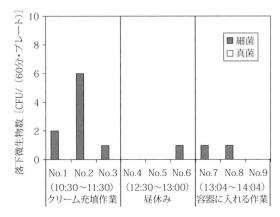

図3.11　某化粧品工場BCR内落下微生物量

表3.2　医薬品・化粧品工場の微生物管理基準

グレード	浮遊菌数 ［CFU/m³］	落下菌数 ［CFU/(10分・プレート)］
A	1	1
B	10	5
C	100	20
D	200	50

注：1）この基準は日局方（第14改正）(2001)を基に作成された。
　　2）落下菌数はコンタクトプレート（φ54〜62mm）当たりの
　　　　生菌数を示す。

リアしています。このように浮遊菌と落下菌とでは全く異なった評価の結果と
なっており、このような矛盾は室内浮遊微生物と落下微生物の関係に起因しま
す。BCRの微生物学的清浄度にはNASA規格があり広く用いられています。
NASA規格は室内浮遊微生物濃度と落下微生物量の間に相関関係が成立するこ
とを前提としています。しかし、山崎ら[8]〜[10]が行った一連の検証の結果、浮遊
微生物濃度と落下微生物量の間に有意な相関関係が認められませんでした。そ
の原因として、浮遊微生物濃度と落下微生物量の関係に室内気流や在室者の活
動などいろいろな要素が影響するためとされています。
　空中浮遊微生物粒子中の大きな粒子が速く落下することや、気流によって落
下速度が変わることなどから、同じ時系列で浮遊微生物濃度と落下微生物量の
間に必ずしも相関関係が見られません。しかし、浮遊微生物粒子濃度が高けれ

ば、落下微生物粒子量も多くなることも容易に想像されます。従って、製品品質管理という視点から、医薬品・化粧品製造工場（BCR）においては常に空中浮遊微生物濃度と落下微生物量をモニタリングし、必要に応じて対策を施す必要があります。

3.5　微生物の検出と分析

3.5.1　培養法

　生菌を培養後にその同定について、細菌は生化学法とDNA解析法、真菌は形態学法とDNA解析法が用いられます。現在次世代シーケンサーの実用化により、細菌の同定法は後述するDNA解析が主流となっています。一方、真菌については、DNA解析のためのデータベースがまだ完成していないため、形態学による同定が用いられるケースが少なくありません。真菌の同定に、コロニーの生育特徴のほか、主として胞子の特徴から同定が行われます。全ての真菌はその胞子の特徴が異なっています。図3.12に一般環境中に検出される頻度の高い真菌胞子の顕微鏡写真を示します[11]。また、培養後の真菌の解析にDNA解析法を用いることもあります[12]。

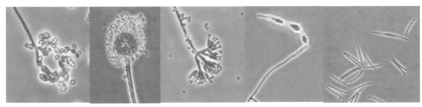

a.クロカビ　　b.コウジカビ　　c.アオカビ　　d.ススカビ　　e.アカカビ
図3.12　代表的なカビ顕微鏡写真

3.5.2　非培養法

　培地、とりわけ選択培地を用いた場合測定対象となる生菌の種類を同定することが可能になる反面、サンプリング、培養、計数、同定などの一連の作業に細菌では2日間、真菌では5日間以上の時間を要するため、測定現場ですぐに結果を知ることができない欠点もあります。近年、PL（product liability）法・HACCP（Hazard Analysis and Critical Control Point）システムに基づく衛生管理方式の導入や、バイオテロ対策などから、空気中浮遊微生物の迅速測定または

リアルタイムでの測定が強く望まれています。

　培地を用いない方法は微生物を培養して測定するのではなく、その細胞の特性を利用する測定方法です。非培養法には迅速測定法と次世代シーケンサーを用いた菌叢解析法があります。

3.5.2-1　迅速法の測定原理

　図3.13に迅速測定法の原理を示します[13]。長時間の培養が不要なため短時間で結果が得られるという特徴があります[14]。

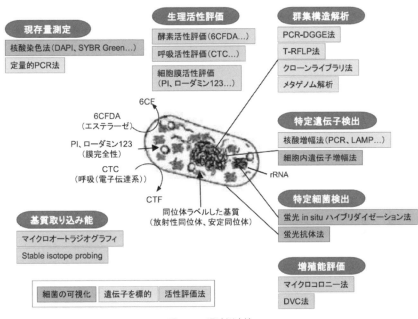

図3.13　迅速測定法

　迅速測定法は一度サンプリングをしてから分析するため、現状では数分〜数十分程度の時間を要し、リアルタイム法とは異なります。迅速測定法には直接測定法と間接測定法があり（表3.2）[15]直接測定法の測定対象は菌体であり、固相サイトメトリー法とフローサイトメトリー法があります。間接測定法の対象は表3.3に示す通り、抗原、核酸、ATP、増殖能、菌体脂肪酸、菌体成分、DNA法があります。ここでは、現在よく使用されている迅速測定法とリアルタイム測定法の概要について述べます。

3.5.2-2　迅速測定法の種類[13]

1)　ATP法

ATP（Adenosine Triphosphate、アデノシン３リン酸）に酵素ルシフェラーゼを与えると発光することが知られており、ATP法はこの原理を応用したものです。ATPは生物の共通エネルギー物質であり、微生物1菌体当たりのATP量はほぼ同じであることから、ATP量を測定することによって、微生物数を推定できるとされています[16]。在来、ATP法を応用した測定は、発光量を測定するのに一定量の菌量（$10^{3～4}$個/mL）が必要であり、そのために、数時間程度培地での培養が必要になっていました。近年、ATP法による空中微生物の測定ができるようになってきました。

表 3.3　迅速測定法の種類と概要

名称	測定対象	原理・特徴	測定装置の例
1)　直接測定法			
固相サイトメトリー	菌体	フィルターなどの担体に捕捉した細菌が発するシグナルを直接的に検出する。染色剤を選択することにより、生理活性等にかかわるシグナルを得ることもできるほか、自家蛍光を利用することもある。また特定の細菌を選択的に検出するため、遺伝子プローブや抗体、また蛍光標識したファージなどを用いることがある。検出・測定装置として、蛍光顕微鏡やレーザー顕微鏡などを含む、種々の光学検出・測定装置を用いる。	蛍光顕微鏡 レーザースキャニング サイトメーター等
フローサイトメトリー	菌体	流路系を通過する細菌が発するシグナルを直接的に検出する。染色剤を選択することにより、生理活性等にかかわるシグナルを得ることもできるほか、自家蛍光を利用することもある。また特定の細菌を選択的に検出するため、遺伝子プローブや抗体、また蛍光標識したファージなどを用いることがある。検出・測定装置として、種々の光学検出・測定装置を用いる。	フローサイトメーター等
2)　間接測定法			
免疫学的方法	抗原	細菌がもつ抗原に特異的な抗体を反応させ、発色や蛍光を目視やマイクロプレートリーダーなどで測定する。簡便なものには免疫クロマトグラフィーがある。	免疫クロマトグラフィー マイクロプレートリーダ
核酸増幅法	核酸	微生物がもつ核酸を、対象とする微生物に特異的なプライマーを用いて増幅し、検出する。定量的PCR法を用いることにより、定量も可能である。	電気泳動装置 定量的PCR装置
生物発光法・蛍光法	ATP 等	菌体内のATP等を酵素反応による発光現象・蛍光現象をもとに測定する。	発光測定器 蛍光測定器
マイクロコロニー法	増殖能（マイクロコロニー）	コロニー形成初期のマイクロコロニーを検出・計数する。平板培養法と同じ培養条件(培地組成、温度)を使用できる。	蛍光顕微鏡等
インピーダンス法	増殖能（電気特性）	細菌が増殖の際に培地成分を利用し産生する代謝産物の増加により生じる電気特性の変化を利用する。	電気計測器
ガス測定法	増殖能（ガス産生等）	細菌の増殖に伴う二酸化炭素の産生や酸素の消費等のガス量の変化を利用する。	ガス測定器 培地の呈色反応
脂肪酸分析法	菌体脂肪酸	細菌の種類によって菌体脂肪酸組成が異なることを利用する。	ガスクロマトグラフィー
赤外吸収スペクトル測定法	菌体成分	菌体に赤外線を照射し、その赤外吸収スペクトルパターンを利用する。	フーリエ変換形赤外分光光度計
質量分析法	菌体成分	菌体成分を質量分析計により測定し、データベースと照合して解析する。	質量分析計
フィンガープリント法	DNA	試料から抽出したDNAを制限酵素で切断し、DNA断片の泳動パターンを利用する。データベースと照合することにより同定が可能である。またT-RFLP法では群集構造解析が可能である。	電気泳動装置
ハイスループット・シークエンシング	核酸	試料中に存在する多種多様な細菌から抽出した核酸の配列を決定し、その情報をもとに群集構造を解析する。	シークエンサー等

注）PCR：ポリメラーゼ連鎖反応　　T-RFLP：末端標識制限断片長多型分析

2)　蛍光カウンタ法

　一般に空中の浮遊粒子の測定にはパーティクルカウンタを使用しています。Mie理論によれば、粒子の屈折率および粒径のパラメータが分かっていれば、入射光強度に対して粒子からあらゆる角度の散乱光強度が求められます。パーティクルカウンタはMie理論を応用した測定器であり、散乱光強度と粒子数を測定し、あらかじめ屈折率が既知の標準粒子を基に作成した検量線を用いて粒径別個数濃度を換算するものです。パーティクルカウンタの測定値は個数濃度（たとえば：個/ℓ）で表示されます。

　一般に、パーティクルカウンタで測定できる粒径の下限は0.3μmですが、特殊レーザー光源の使用によって0.1μmまで測定できるものもあります。図3.14にパーティクルカウンタの光学系の例を示します[17]。

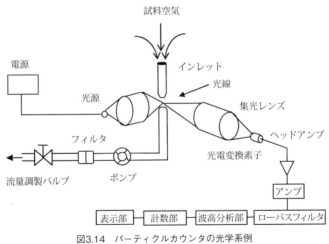

図3.14　パーティクルカウンタの光学系例

　細菌、真菌のような微生物に特定波長の紫外線を照射すると、細胞の代謝物として蛍光物質（蛍光を放射する全ての分子の総称、ニコチンジアミドアデニンネクレオチドNADHやリボフラビンなど）が放出されることが知られています。アメリカで近年開発されたIMD（Instantaneous Microbial Detection、瞬間微生物検出器）はこの原理を応用したものです。IMDの光源は一般レーザーと紫外線レーザーを使用し、蛍光を計測する検知部、Mie散乱理論に基づく在来のパーティクルカウンタ、微生物と非生物粒子を区別する演算部から構成され

ています。

　図3.15に筆者らが病院待合室におけるIMDと同時に行った浮遊細菌濃度（SCD培地とMGサンプラを使用）の結果を示します[18]。総じて両計測器から得られた経時変化のパターンは同様でありました。即ち、IMDの結果はMGサンプラーの濃度と同じように、経時的に上下することから、IMDが一般環境でモニタとして使用可能であることが分かります。また、IMDのカウント値と生菌数の間に100倍の関係にあることは興味深いものです。

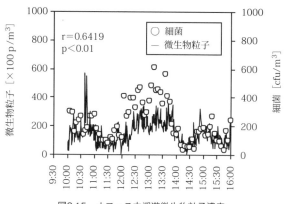

図3.15　オフィス内浮遊微生物粒子濃度

3）　酵素活性の測定法

　1970s以後、酵素活性を持つ細菌の迅速測定法が実用化されるようになりました。また、細菌用自動機器法があり、振とう培養法を採用し、光学的に菌増殖に伴う濁度上昇を精密にモニタしています。しかし、この方法では、数時間を要します[19]。

　近年では、有効な蛍光染色剤を使用することによって、測定時間を数分程度まで大幅に短縮できるようになりました（図3.16）。さらに、UV励起と青色励起を使い分けることによって、生菌か死菌の区別まで可能となりました（図3.17）。

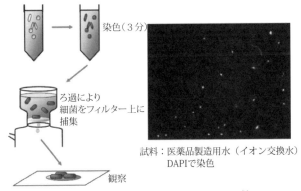

染色（3分）

ろ過により
細菌をフィルター上に
捕集

観察

試料：医薬品製造用水（イオン交換水）
DAPIで染色

図3.16　蛍光染色法による細菌の迅速測定[20]

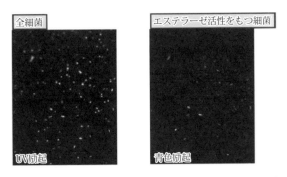

全細菌

エステラーゼ活性をもつ細菌

UV励起

青色励起

試料：ナチュラルミネラルウォーター

DAPI: 4',6-diamidino-2-phenylindole
CFDA: 6-carboxyfluorescein diacetate

図3.17　蛍光活性染色法による生菌と死菌の区別[17]

3.5.3-3　DNA解析法

DNAの解析は一般的に以下に示す手順で行います。

・サンプリング（試料の採取）
・DNAの抽出
・DNAの精製と増幅
・品質検定
・DNAシークエンシング
・配列データの解析

以下に、それぞれにおける筆者らの方法について述べます。

1) サンプリング方法

建築環境中のマイクロバイオームの存在形態は空中浮遊しているものと表面に付着しているものに大別されます。国内建築分野において、次世代シーケンサーを用いた環境マイクロバイオームの解析は加藤らが初めてです[21]。DNAの採取に際しては、測定者や計測機材によるコンタミネーションを避けることが重要です。

筆者らは空中微生物をエアポンプ（Air Check、XR5000）とPTFE（Polytetrafluoroethylene）0.3 Filterを用いて測定を行なっています。また空気のサンプリングを180ℓ（3ℓ/min×60min）としており、これまでの諸環境における測定では、そのサンプリング量でのDNA量は解析に耐えうる量であることがわかっています[22]。

一方、表面微生物の採取においては、被測面の形状などにより、2本（1本乾燥のまま使用、1本DNAフリー水で濡らして使用）付きのキット（図3.18のA社とB社）、または滅菌緩衝リン酸液のふき取りキット（同図のC社）、を使用しています[23]。

図3.18 表面微生物サンプリングキット

2) DNA抽出

微生物を採取した試料を安全キャビネット内で取り出し、ストマッカー 80スタンダードバックスに入れた後、DNAフリー水 5mℓを加え、ストマッカーバイオマスターにかけDNAを抽出します。その後袋から 1.5mℓ の試験管に抽出液を入れ、遠心機（KUBOTA5911）に4℃ ×3,000回転×30 分をかけ細菌を抽出します。

3) DNAの精製と増幅

① PCRの原理

DNAはリン酸（P）、デオキシリボース（OH）、および4つの塩基（アデニンA、グアニンG、シトシンC、チミンT）から構成されています。二重らせんDNAの2本鎖でかつAとT、CとGが対になるような配列をとります。AとT、CとGは互

いに水素結合で結びついているため、高温（90℃以上）にするか、変性剤を加えると水素結合が切れて1本鎖のDNAになります。また、温度を70℃以下（プライマによって設定温度が異なる）に下げるか、変性剤を除去すると、元の2本鎖DNAに戻り、これを1サイクルと呼びます。一般的にPCR処理をn回サイクル行うと、1つの2本鎖DNAから目的部分を2^n倍に増幅できます。長いDNAを増幅するには、ターゲットを決めて一部だけ増幅するか、すべて増幅するかによって解析手法が異なります。前者には16S rNRA解析（細菌）と18S rRNA解析（真菌）などがあり、後者には全メタゲノム解読方法があります。

②　PCRによる増幅方法

DNAの精製にはNucleo Spinを使用し、ボルテックスで液を混合させ、昇温、エタノール添加、遠心分離など20以上の工程を経た方法を用います[24]。PCRを用いたDNAの増幅では、次に示すプロットコールで行います。

- ・94℃ ×3分。
- ・94℃ ×45秒。
- ・50℃ ×60秒。
- ・72℃ ×90秒。
- ・上記の②～④を35回繰り返す。
- ・72℃ ×10分。
- ・4℃で保持。

③　品質検定

アジレント・テクノロジー社のAgilent 2200 TapeStationハイスループット電気泳動システムを用いて品質検定を行います。図3.19に品質検定結果の例を示します。左の結果は次世代シーケンサーにかける必要な濃度が得られていますが、右の結果では濃度が検出されず、サンプルとして不合格となります。

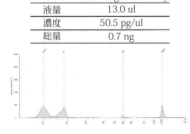

タイトル D1000 High Sensitivity		タイトル D1000 High Sensitivity	
液量	13.0 ul	液量	13.0 ul
濃度	50.5 pg/ul	濃度	0.0 pg/ul
総量	0.7 ng	総量	0.0 ng

図3.19　品質検定の結果（例）

④　DNAシークエンシング

・次世代シークエンサーの現状

　現在、全ゲノム解読ができるようになったのは、次世代高速DNA解読装置（シークエンサー）が開発されたためであります。1987年にアプライドバイオシステムズ社が世界初の自動DNAシークエンサー ABI 370を発売し、1995年にRichard Mathiesらが蛍光色素によるシークエンシング技術を発表し、1998年にPhil Green と Brent Ewing が配列解析ソフトphredを発表しました。

　近年になるとそのシークエンサーの進歩が目まぐるしく、図3.20に海外各社における次世代シークエンサー開発の推移を示します（図中の円の直径は解読長さを表す）[25]。図に示す通り、2005年以後次世代のシークエンサーの開発のピッチが上がっています。また、これらのシークエンサーを使用した研究発表も増え始めています。

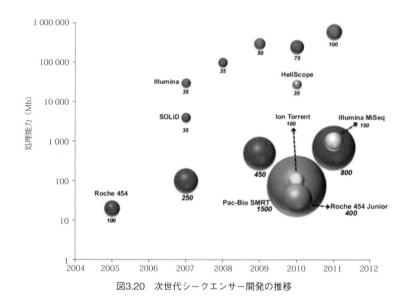

図3.20　次世代シークエンサー開発の推移

・DNAシークエンシング

　シークエンシングの作業として主に以下に示す二つの作業があります。

　　ア）クラスター形成：シーケンス鋳型形成

　　イ）シーケンス解析：イルミナ社シークエンサーを用いた塩基配列の取得。

　　表3.4にクラスター形成及びシーケンス解析に用いた機器の例を示します。

また、クラスター形成にMiSeq Reagent Kit v3、Reagent Preparation Guide Rev.B、シーケンス解析にbc12fastq v1.8.4、User Guide Rev.Bを使用しています。

⑤　配列データの解析

解析ツール一覧を表3.5に示します。以下にそれぞれについて述べます。

・16SrRNA解析用パイプライン

CD-HIT-OTU及び16S rRNA解析の統合パイプ

表3.4　シークエンシングに用いた機器の例

作業名	種別	機器名・試薬名・ソフトウェア名
クラスター形成	機器	MiSeq
	試薬	MiSeq Reagent Kit v3
	試薬	PhiX Control Kit v3
シーケンス解析	機器	MiSeq
	ソフトウェア	MiSeq Control Software (MCS) v2.4.1.3
	ソフトウェア	Real Time Analysis (RTA) v1.18.54
	ソフトウェア	bcl2fastq v1.8.4

表3.5　解析ツール

ツール名	用途	供給元またはURL
QIIME	16SrRNA解析用パイプライン	http://qiime.org/
CD-HIT-OUT	アセンブルおよびクラスタリング	http://weizhong-lab.used.edu/cd-hit-out/
blast	相同性検索	http://www.ncbi.nlm.nih.gov/guide/all/#downloads
RDP classifier	系統分類	http://rdp.cme.msu.edu/index.jsp
PyNAST	アライメント	http://qiime.org/scripts/align.seq.html
Fast Tree	系統樹作成	http://meta.microbesonline.org/fasttree/

ラインQIIME（Quantitative Insights Into Microbial Ecology）を用いて解析を行います。

・アセンブルおよびクラスタリング

リードのアセンブル及びクラスタリングについては、シーケンス解析で得られたRead1とRead2をCD-HIT-OUTを用いてアセンブルを行い、約250bpの配列データを取得します。

・相同性検索

代表配列をクリエとして、DDBJ 16S ribosomalRNAデータベースを用いてBlast検索を行います。

・系統分類

QIIMEパイプラインを使用し、代表配列に対して系統分類を行います。RDP classifierを用いてGreenHenes 16S rRNA配列データベースを学習配列に使用し、分類を行いphylum（門）レベルからgenus（属）レベルまで各検体での菌叢の割合をグラフで表示します。系統分類の結果、階級（門 phylum → 網 class → 目 order → 科 family → 属 genus）別のデータが得られます。

・アライメント・系統樹作成

アライメント（Alignment）は並べるの意味で、シークエンシングで得られたATCGの配列が揃うように整列することです。QIIMEパイプラインを使用して、アライメントを行うことによって、どの程度同じ塩基の並びがあるのか自動的に解析され、微生物の近縁性、とりわけ系統樹を作成するのに必要な処理であります。

また、PyNASTを使用して、GreenGenes 6S rRNA配列データベースに対して代表配列アライメントを行い、アライメントされた配列の情報に基づきFast Treeを用いて代表配列の系統樹を作成します。

3.6　バイオクリーンルームの常時モニタリング

前述した通り、PL法やHACCPシステムなどに基づく衛生管理方式の導入に伴って、バイオクリーンルーム内の汚染状況を常時にモニタリングすることが重要です。ISO 14644-1では、粒径別浮遊粒子濃度に関する清浄度クラスを定めています。従って、パーティクルカウンタを用いたスクリーニング的なモニタリングが有効です。しかし、浮遊粒子と浮遊微生物粒子の間に明確な相関関係がないため[26][27]、必要に応じて、迅速測定法を併用することも重要であります。

＜参考文献＞

(1)　ISO 16000-17 Indoor air – Part 17：Detection and enumeration of moulds – Culture-based method. Publication data 2008-12

(2)　William C. Hinds. Aerosol Technology, p.114,　John Wiley &Sons, Inc. 1982

(3)　柳　宇：日本建築学会環境基準AIJES-A008-2013-浮遊微生物サンプリング法学会規準・同解説，pp.1-2，pp.5-12，pp.22-26，丸善発行，2013

(4)　柳　宇：室内環境学概論，東京電機大学出版局，57-66，70-87，2010

(5)　柳　宇，加藤信介：大学研究室におけるヒト由来細菌の分布特性，日本建築学会環境系論文集，第83巻，第754号，pp.997-1004，2018. doi.org/10.3130/aije.83.997

(6)　柳宇：バイオクリーンルームにおける微生物汚染防止対策，ファームステージ，Vol.7（2），31-4，2007

⑺　日本建築学会編：微生物・花粉による室内空気汚染とその対策-健康影響・測定法から建築と設備の設計・維持管理まで-, 技報堂出版, 2009

⑻　山﨑省二, 高鳥浩介, 他5名：クリーンルームの微生物汚染評価, 第22回空気清浄とコンタミネーションコントロール研究大会予稿集, 67-70, 2004.

⑼　山﨑省二, 高鳥浩介, 他6名：クリーンルームの微生物汚染評価, 第23回空気清浄とコンタミネーションコントロール研究大会予稿集, 69-72, 2005.

⑽　山﨑省二, 柳　宇, 他8名：クリーンルームの微生物汚染評価, 第23回空気清浄とコンタミネーションコントロール研究大会予稿集, 75-78(2007)

⑾　柳　宇：室内微生物汚染-ダニ・カビ完全対策, pp.14-23, pp.119-25, 井上書院, 2007

⑿　柳　宇, 四本瑞世, 杉山順一, 緒方浩基, 鍵直樹, 大澤元毅：高齢者福祉施設における室内環境に関する研究, 第1報―遺伝子解析法を用いた微生物汚染実態詳細調査の結果, 空気調和・衛生工学会論文集, No.215, pp.19-26, 2015

⒀　那須正夫：新たな視点で環境中の微生物をとらえる―家庭から宇宙住居まで-, 第33回空気清浄とコンタミネーションコントロール研究大会招待講演, 同予稿集, pp.7-9, 2016

⒁　柳　宇：迅速微生物測定法の現状, 空気清浄, 第56巻, 第1号, pp.4-7, 2018

⒂　第十七改正日本薬局方-参考資料：平成28年3月7日厚生労働省告示第64号, 2016

⒃　山﨑省二編：環境微生物の測定と評価, オーム社, 2001

⒄　柳　宇：空気調和・衛生工学便覧, 第14版, 1編基礎編, 空気調和・衛生工学会, pp.233-248, pp.343-356, 2010

⒅　柳　宇, 鍵直樹, 池田耕一：室内環境における浮遊細菌濃度リアルタイム測定の可能性に関する研究, 日本建築学会計画系論文集, No.666 pp.673-677, 2011

⒆　狩山英之：細菌の酵素活性力を指標にする, 新しい迅速薬剤感受性試験測定法　第一報新規の反応液と呈色系の構築, CHEMOTHERAPY, Vol.40, No.6, 1992

⒇　山口進康, 那須正夫：微生物試験とリアルタイムモニタリング, 第9回 医薬品品質フォーラムシンポジウム講演資料, 2010

㉑　加藤信介, 柳　宇, 永野秀明：集団感染機構の解明を目指す環境マイクロバイオームの動態計測, 第44回日本医療福祉設備学会予稿集, p.127, 2015

㉒　柳　宇, 加藤信介, 永野秀明, 瀬島俊介, 藤井結那, 井沢圭, 畑中未来, 高橋雄大, 松野重夫：諸環境におけるマイクロバイオームの比較, 第33回空気清浄とコンタミネーションコントロール研究大会予稿集, pp.145-148, 2016

㉓　高橋雄大, 加藤信介, 柳　宇, 永野秀明, 松野 重夫：環境マイクロバイオームのサンプリング手法の検討, 2016年日本建築学会大会学術講演梗概集, pp.753-754, 2016

㉔　柳　宇, 加藤信介, 畑中未来：建築環境における呼吸器系病原体モニタリング法の確立に関する研究　-その1 研究全体の概要とサンプリング・DNA 解析方法, 2018年度日本建築学会大会学術講演梗概集, pp.859-860, 2018

㉕　Shadi Shokralla, Jennifer L. Spall, Joel F. Gibson and Mehrdad Hajibabaei：Next-generation sequencing technologies for environmental DNA research, Molecular Ecology 21, pp.1794–1805, 2012

㉖　柳　宇, 高鳥浩介, 狩野文雄, 横地明, 青山敏信, 池田耕一, 木ノ本雅通, 三上壮介, 山﨑省二：クリーンルームの微生物汚染評価-最終報告, 第26回空気清浄とコンタミネーションコントロール研究大会予稿集, 248-51, 2008.04.

㉗　Akane Odagiri, U Yanagi, Shinsuke Kato, Comparison of Generation of Particles and Bacteria in Endoscopic Surgery and Thoracotomy. Building and Environment, Volume 193, 15 April 2021. https://doi.org/10.1016/j.buildenv.2021.107664

第4章

規格

4.1　はじめに

　クリーンルームに関する規格としては現在ISOが国際基準を定めています。クリーンルームに関するISO規格はISO/TC209 (Technical Committee) [1]で作成・改訂され、参加国の75%以上の賛成により国際規格として承認されています。日本ではJISをはじめとする国内規格がありますが、近年ではISOで定められた規格が存在するものについてはISO規格の翻訳を基本としてJIS規格を定める方向となってきています。そのため、ISOとJISとの間では規格の整合性が取れるようになりましたが、ISO基準そのものも内容が多岐にわたるため、その全体像を把握することは難しいことです。

　本章では、ISOを中心とするクリーンルーム関連規格を整理し、クリーンルームの設計、運用に重要と思われる清浄度や試験方法等に関する規格について概説します。

4.2　空気清浄度に関する規格改訂の経緯およびび現在の基準

4.2.1　歴史的な経緯

　クリーンルームやクリーンエアデバイスにより形成される清浄領域の空気清浄度は、空気中浮遊微粒子の個数濃度により評価されます。この空気清浄度を定義する基準として、古くから米国のFed.Std.209 (Federal Standard 209)がありました。この基準では、1ft³あたりの粒径0.5µm以上の空気中浮遊微粒子数により清浄度クラスを定義しており、例えばクラス100（1ft³あたりの粒子数100個以下）などと示されていました。しかしその後、産業用クリーンルームでは粒径0.1 ～ 0.3µm程度までの微粒子を制御対象とするようになったこと、Fed.Std.209でカバーするよりも高清浄度のクリーンルームを評価する必要が生じてきたこと、Fed.Std. による清浄度がµmとフィートを併用しておりSI単位に統一されていないことなどにより、我が国のJACA No.24-1989「クリーンルームの性能評価指針」（日本空気清浄協会基準）[2]を基に作成されたISO 14644-1[3]による清浄度クラス分類が現在では広く用いられています。

　ISOによる清浄度クラスは1m³あたりの粒径0.1µm以上の空気中浮遊微粒子数のべき乗数で定義されており、例えばISOクラス3（1m³あたりの粒子数1,000個（10³個）以下）などと表記します（詳細は後述）。現在でも生産現場などでクラス100、クラス1,000といったFed.Std.に基づく表現が使用されている場

合もありますが、Fed.Std.209は最終版のFed.Std.209Eが既に2002年に正式に
廃止されています[4]。

　各種クリーンルーム規格に関するこれらの歴史的経緯を図4.1に示します。

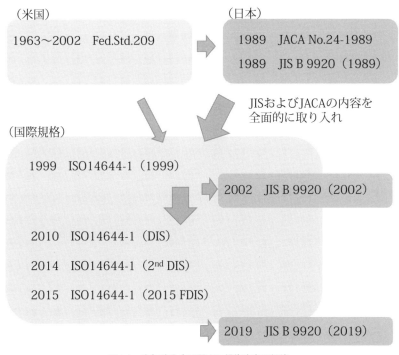

図4.1　空気清浄度に関する規格改定の経緯

4.2.2　ISO による規準

　クリーンルームの清浄度に関する規準は、ISO 14644-1：2015「Classification
of air cleanliness by particle concentration」に記載されています。クリーンルー
ムに関しては、ISO 14644シリーズとしてクリーンルームの設計、運用、各種
測定やクリーンルーム内で使用する衣服、機器等に関する各種規格、化学物質、
表面粒子濃度や空気清浄度に関する規格が整備されています。またバイオロジ
カルクリーンルームで問題となる微生物汚染に関してはISO 14698-1および2
「Biocontamination Standards」[5][6]があります。

4.2.3　JISによる規準

　従来、JIS規格は我が国独自の規格でしたが、最近では、対応するISO規格の
あるJIS規格はその翻訳を基本として作成・改訂されるようになってきました。
例えばクリーンルーム清浄度に関する現行のJIS規格はJIS B 9920：2019「ク
リーンルームの空気清浄度の評価方法」[7]です。本規格はISO 14644-1：2000
を基に作成された前規格JIS B 9920：2002からISO 14644-1：2015の改訂に
応じて現行規格に改訂されたものです。

4.3　クリーンルームの清浄度とその評価方法

　最初にクリーンルームの定義について触れておきます。JIS Z 8122 4001[8]
によるクリーンルームの定義は以下のとおりです。
　「コンタミネーションコントロールが行われている限られた空間であって、
空気中における浮遊微小粒子、浮遊微生物が限定された清浄度レベル以下に管
理され、また、その空間に供給される材料、薬品、水などについても要求され
る清浄度が保持され、必要に応じて温度、湿度、圧力などの環境条件について
も管理が行われている空間」
　すなわち、クリーンルームは清浄な空間ではなく、清浄な状態に維持・管理
されている空間であることに注意してください。
　クリーンルームの清浄度クラスは、粒径0.1μm以上5μm以下の粒子を対象
として、パーティクルカウンタ（ISO規格ではLSAPC：light scattering airborne
particle counterと呼んでいる）で測定した粒子濃度の平均値により、表4.1のよ
うに清浄度クラスを分類しています（ISO 14644-1：20153）およびJIS B 9920-
1：2019）。
　微粒子は質量を持つため空気中では重力により沈降します。この沈降速度は
粒径が大きいほど早く、粒径が小さいほど遅くなり、たとえば粒径100μmの
微粒子の沈降速度は25cm/s程度ありますが、10μm粒子では3mm/s、1μm粒
子では3.5×10^{-2}mm/sと粒径が小さくなると急激に減少します[9]。空気中に存
在する浮遊微粒子の粒径別個数濃度は粒子の沈降速度によって決まるので、粒
径に応じた個数濃度の比率はどのような空間でもほぼ同一となります。クリー
ンルームの清浄度クラスは、図4.2に示すようにこの比率に基づき定められて
おり、例えば粒径0.1μm以上の粒子について1,000個/m³以下であった場合が
クラス3となりますが、粒径0.3μm以上の粒子について測定した場合には102
個/m³以下であった場合が同じ清浄度クラスとなります。

表4.1　ISOおよびJISによるクリーンルームの清浄度クラスと空気中浮遊微粒子の許容濃度

清浄度クラス	空気中浮遊微粒子の個数濃度の上限（個/m³）					
	0.1μm	0.2μm	0.3μm	0.5μm	1μm	5μm
1	10					
2	100	24	10			
3	1,000	237	102	35		
4	10,000	2,370	1,020	352	83	
5	100,000	23,700	10,200	3,520	832	
6	1,000,000	237,000	102,000	35,200	8,320	293
7				352,000	83,200	2,930
8				3,520,000	832,000	29,300
9				35,200,000	8,320,000	293,000

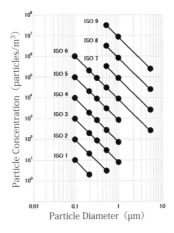

図4.2　ISOおよびJISによるクリーンルームの清浄度クラスと粒径ごとの微粒子の許容濃度

　クリーンルームの清浄度クラスは、対象領域の複数点で測定した粒子個数濃度の平均値により評価します。このとき必要となる測定点数は、評価領域の床面積に応じて決定します。従来の規格（ISO 14644-1：2000）では式により測定点数を求めていましたが、新基準では床面積2m² 〜 1,000m²までの領域についての測定点数が表4.2で与えられています。これは、対象領域の大きさによらず統計的な評価精度（95%以上の信頼度）を担保するためです。各測定点でのサンプリング流量は、予測される粒子カウント数が20以上となるように設定します。市販されているパーティクルカウンタの多くは、サンプリング流量

が1ft³/minまたは0.1ft³/minとなっており、1ft³は約0.028m³なので、必要に応じてこれらの流量またはその整数倍を設定します（最近ではサンプリング流量がm³/min単位で設定できる測定器も市販されるようになってきた）。測定時には、等速吸引（パーティクルカウンタのプローブ吸引口での気流速度、気流方向をクリーンルームの気流に一致させる）に注意してプローブおよびその測定方向を選定します。

　クリーンルームの清浄度とその評価方法については、2015年のISO 14644-1の改訂（以下新基準と呼ぶ）に伴い大きく変更された部分があり、主な変更点は以下のとおりです。

① 表に基づく清浄度クラス分類
② Class 5における5μm粒子の削除
③ 最小測定箇所数と測定箇所の決め方
④ 95% UCLルールの廃止
⑤ 空気中粒子濃度以外の清浄度特性の位置付け

このうち①は先述のとおりですが、従来の基準では表4.1に相当する清浄度クラス分類に関して数式を基準としていました。またこの表において、従来基準では5μm粒子でClass 5のクラス分類を行うための数値がありましたが新基準では除外されました（②の項目）。その理由は、5μm以上の大きな粒子は重力沈降や慣性力の影響が大きく、パーティクルカウンタによる計測では正しく空間清浄度を評価できない可能性があるためです。

　③以降の項目については多少の解説が必要と思われるので、節を改めて述べます。

4.4　クリーンルームの微生物汚染制御に関する規格

　クリーンルームの微生物汚染制御に関するISO規格は、ここまでに示したISO規格と異なる番号のISO 14698-1：2003「Cleanrooms and associated controlled environments - Biocontamination control-Part 1: General principles and methods」[5]およびISO 14698-2：2003「Cleanrooms and associated controlled environments - Biocontamination control - Part 2: Evaluation and interpretation of biocontamination data」[6]です。これらについてもJIS規格としてJIS B 9918-1：2008「クリーンルーム及び関連制御環境－ 微生物汚染制御 – 第1部：一般原則及び基本的な方法」[19]およびJIS B 9918-2：2008「クリーンルーム及び関連制御環境－ 微生物汚染制御 － 第2部：微生物汚染データの

評価」[20]が定められています。

　これらの規格ではバイオロジカルクリーンルームの環境モニタリングとして、表面、空気中、およびクリーンルーム内の作業者から発生する微生物の数や汚染要因に関連するデータ収集および評価に関する事項がまとめられています。

4.5　清浄度測定の方法

4.5.1　最小測定箇所数と測定箇所の決め方

　2015年のISO 14644-1改訂にあたり、最も大きく変更となったのが、清浄度を評価する際の最小測定箇所数と測定箇所の決め方です[10]。従来基準では、清浄度を評価するための最小測定点数N_Lを床面積Am^{2}として$N_L = \sqrt{A}$で決定するという単純なものでした。これに対し、新基準ではクリーンルームの床面積に対して表4.2および図4.3により最小測定箇所数を決定します（ただし床面積1,000m^{2}以下の場合）。最小測定点数、最小測定箇所数と異なる用語を用いているのは、前者においては場所が異なるか否かは問わず測定の回数を指しているのに対し、後者は評価対象とするクリーンルームを小面積の区画に分割し、

表4.2　ISO 14644-1(2015)の清浄度クラス評価におけるクリーンルーム面積と最小測定箇所数

クリーンルーム面積（m^2）	最小測定箇所数	クリーンルーム面積（m^2）	最小測定箇所数
2	1	104	16
4	2	108	17
6	3	116	18
8	4	148	19
10	5	156	20
24	6	192	21
28	7	232	22
32	8	276	23
36	9	352	24
52	10	436	25
56	11	636	26
64	12	1000	27
68	13	＞ 1000	式で対応
72	14		
76	15		

ランダムに選択した異なる小区画で測定する数を指すからです。

　新基準の方法は統計理論に根ざしており、「分割した区画のうち90%を超える区画が目標清浄度を満足することを95%以上の信頼水準で担保する」という考えに基づくものです。すなわちこの基準による評価は、95%以上の信頼水準で抜取り検査を行い、クリーンルーム全床面積のうち90%が合格することに相当し、90%－95%ルールと呼ばれています（図4.4）。

　従来基準には95% UCL（95%上側信頼限界）という評価方法が併記されていましたが、新基準においてこれは削除されました。この評価方法は、測定点数が10を下回る場合にその平均値が目標を達成することを95%の信頼性で保証するもので、統計理論において t 検定と呼ばれる手法です。新基準では測定する区画すべてにおいて目標値を満足すれば95%の信頼水準を満たすよう区画が選定されています。95% UCLの記述が削除されたのはこのためです

　　注：新基準による最小測定箇所数にはいくつか不連続な部分があります。最初の不連続点は床面積が$10m^2$を超えるところで、床面積$10m^2$までは$2m^2$ごとに測定箇所を選定するよう定められているのに対し、床面積$24m^2$以上では$4m^2$ごとに測定箇所を選定するよう定められています（表4.2に併記）。これは、床面積の小さなクリーンルームにおいて測定箇所があまりにも少なくなることを避けるためです。また新基準では、床面積$1,000m^2$を超える場合、$N_L = 27 \times A/1000$ という数式で測定箇所の数を決定することとなっています。図4.3からもわかるように、90%－95%ルールでは床面積$1,000m^2$以上のクリーンルームに対し測定箇所の数が29を超えなくなり現実的ではありません。床面積$1,000m^2$以上

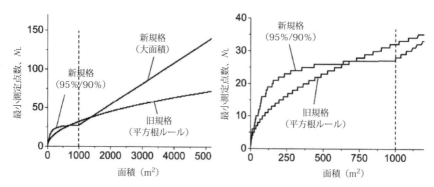

図4.3　ISO 14644-1（2015）の清浄度クラス評価におけるクリーンルーム面積と最小測定箇所数との関係

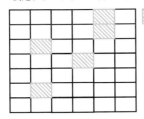

図4.4　ISO 14644-1(2015)の清浄度クラス評価の考え方(90%−95%ルール)

で最小測定箇所数の選定を切り替えるこの方法は、大面積クリーンルームへの対応を考慮したものです。

4.5.2　逐次検定法による清浄度評価

　対象空間の清浄度が非常に高い場合(粒子個数濃度が非常に低い場合)、粒子カウント数が20となるまでのサンプリング流量が大きくなり、評価に長い時間がかかることとなります。このような場合、逐次検定法を適用して評価にかかる時間を短縮することができます。

　逐次検定法では図4.5のようなチャートを用います。粒子濃度が小さい場合、粒子がカウントされる確率はポアソン分布に従います。このチャートには、横軸に想定する清浄度クラスに対する粒子カウント数の期待値を、縦軸に単位サンプリング流量ごとに実際に計測された累積粒子数の目盛を示してあり、さらにポアソン分布から求めた粒子カウント数の期待値の上限値、下限値を書き込んであります(厳密にはこの上限値、下限値の境界は曲線になるが、このチャートでは直線で近似している)。単位流量のサンプリングを行うごとに計測された粒子カウント数をこのチャートにプロットしていき、プロットが上限値を上まわった場合には想定する清浄度クラスを満足していないことを、下限値の下側となった場合はすでに想定する清浄度クラスを満足していることを、その時点で判定できます。図の例では、①のようなプロットとなった場合には、2回のサンプリングで対象領域が想定する清浄度クラスを満足していないことを、また②のようなプロットとなった場合には、4回のサンプリングで想定する清浄度クラスを満足していることを判定できます。

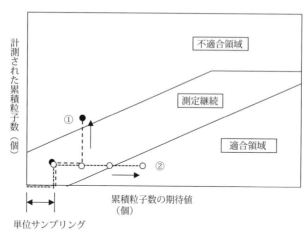

図4.5　逐次検定法で用いるチャート

4.5.3　M表示、U表示

　先述したように、クリーンルームの清浄度は粒径0.1μm以上5μm以下の粒子を対象として定義されていますが、用途によっては粒径0.1μm未満の微細粒子、または粒径5μm以上の粗大粒子の濃度レベルが問題となる場合があります。このような場合、対象粒径や粒子の特性に適応したサンプリング装置及び測定法が採用され、M表示（M-descriptor）、U表示（U-descriptor）という表記を用いています。M表示についてはISO 14644-1：2015およびJIS B 9920：2002の付属書に、U表示についてはISO 14644-1 2：201 8[11]に記載があります。

4.5.4　空気中粒子濃度以外の清浄度

　これまでにも述べてきたように、ISOでは浮遊微粒子の個数濃度によりクリーンルームの清浄度クラスを分類しています。しかし、最近の先端産業や医療における作業環境では、超微細粒子、微量な化学物質、微生物などが清浄度として重要な要素となってきています。表4.3はクリーンルームの等級分類としてISOが検討している項目です。対象物としては微粒子（Particle）[3][12]、化学物質（Chemical）[13][14]、微生物（Viable）、ナノ粒子（Nano-particle）[11]が想定され、それぞれについて空気清浄度（Air Cleanliness）[3][11][13]と表面清浄度（Surface Cleanliness）[12][14]が検討されています。微粒子による空気清浄度など一部のものは既に実用化されていますが、その他の清浄度についても既に基準化されてい

るものや、今後文書化が予定されているものがあります。

表4.3　クリーンルームの等級分類としてISOが検討している項目

Classification tests for cleanrooms and clean zones	Reference
Classification of air cleanliness by particle concentration （ACP）	ISO 14644-1 and ISO 14644-2
Classification of surface cleanliness by particle concentration （SCP）	ISO 14644-9
Classification of air cleanliness by chemical concentration （ACC）	ISO 14644-8
Classification of surface cleanliness by chemical concentration （SCC）	ISO 14644-10
Classification of air cleanliness by viable concentration （ACV）	not documented
Classification of surface cleanliness by visable concentration （SCV）	not documented
Classification of air cleanliness by nano-particle concentration （ACP-N）	not documented

4.6　クリーンルーム清浄度のモニタリング

　クリーンルームの清浄度は、使用条件や設備性能、部材等の経時変化により違ってきます。適正な清浄度クラスを維持し、汚染によるリスクを低減するためには、定期的な清浄度のモニタリングが必要であり、ISO 14644-2：2015[15]およびJIS B 9920：2019[16]には、定期試験によるクリーンルーム清浄度のモニタリング計画の作成方法が記載されています。

　ISOおよびJISにおいては、試験（test）とモニタリングはそれぞれ以下のように定義され、区別されています。

　試験：規定の方法に従いクリーンルームの性能を判定する為に実行するもの
　モニタリング：クリーンルーム性能の根拠を提示するため、規定した方法お
　　　　　　　　よび計画に従って行う計測・監視

なお、従来の基準では推奨する試験間隔の例が提示されていましたが、改訂後の新基準では、モニタリングの意味・位置付けを解説する内容となり、内容的にはモニタリング計画の作成・実施方法に関する記載が中心となっています。

4.7　クリーンルームの性能を維持するための試験方法

　クリーンルームの性能を維持するためには、送風機、空調機およびエアフィルタ等のクリーンルーム構成要素の性能が適正に維持管理されている必要があります。これらの性能を試験するための方法がISO 14644-3「Test methods」[17]およびJIS B 9917-3：2009「クリーンルーム及び付属清浄環境－第3部：試験

方法」[18]に記載されています。ISO 14644-3については2019年に大幅な改訂が行われました。

表4.4　ISO 14644-3（2019）に記載されている試験項目

	試験項目
クリーンルーム環境そのものの試験	Air Pressure difference test（差圧試験）
	Airflow test（気流試験）
	Airflow direction test and visualization（気流角度の測定と可視化）
	Recovery test（清浄度の回復性能試験）
	Temperature test（温度測定）
	Humidity test（湿度測定）
クリーンルーム環境を実現する手段の試験	Installed filter system leakage test（設置フィルタのリーク試験）
	Containment leak test（封じ込め性能試験）
	Electrostatic and ion generator test（静電気およびイオナイザー性能の試験）
	Particle deposition test（粒子沈着量の試験）
	Segregation test（隔離性能試験）

　ISO 14644-3：2019に記載されている試験項目を表4.4に示しています。これらの試験項目は大きく「クリーンルーム環境そのものの試験」と「クリーンルーム環境を実現する手段の試験」に分類され、このうち特に重要と思われるいくつかの項目について以下に概説します。

4.7.1　設置フィルタシステムのリーク試験[17]

　クリーンルームのフィルタを取替えたりメンテナンスしたりすることを意識したことのないユーザも多いことと思います。クリーンルームに使われるHEPAフィルタ、ULPAフィルタはガラス繊維による不織布でできており、経年変化や薬液による影響でリークを生じるようになることがあります。実際に筆者が汚染の問題が発生したクリーンルームを調査した経験では、天井設置フィルタからのリークが原因であったことも少なくありません。多くの場合、クリーンルームにはフィルタの圧損を示す差圧ゲージが取り付けられていますが、このようなリークの発生は圧損ではモニタリングできません。

　このようなリークに対して効果的な試験として、パーティクルカウンタを用いたリーク試験があります。この試験では、フィルタの下流面にパーティクルカウンタのプローブを走査させて、リークの有無を確認します（リーク試験の実施状況を図4.6に示す）。生産環境での対策を目的とした場合などは、リーク

の直下にプローブが来ると粒子のカウント数が著しく大きくなるので、その箇所を補修すればよいとして済ませがちです。

図4.6　リーク試験の実施状況

　しかし、フィルタそのものも原理的に粒子捕集効率100％ではありません。このため、クリーンルーム性能を定量的に保証するような場合には、フィルタのリークがフィルタ性能を超えるものかどうかの微妙な判断が求められます。またプローブを走査するこの試験では、リーク箇所をプローブが通過する時間は極めて短いために、微細なリークを見逃してしまう可能性を排除する必要もあります。従来の基準ではこれらの要求を満足するため、試験方法や試験条件の設定、得られたデータの評価などについて詳細な記述があり、実務でこの試験を実施しようとした場合に大きな障壁がありました。新基準では試験方法の記述を大幅に簡略化し、現場試験に対応した試験方法への改訂が行われました。フィルタには性能によりグレードが規定されており、従来の基準ではフィルタのグレードごとにリーク有無の判定基準が違っていました。しかし一般には、クリーンルームユーザがそのクリーンルームに使用されているフィルタのグレードまで把握していることは少ないと思われ、新基準ではフィルタのグレードによらずリークの有無を判定できるようになりました。また市販のパーティクルカウンタでは1ft^{3}または1m^{3}のサンプリングごとにしか結果を出力しないので、フィルタ面を走査する場合に細かい面積ごとのカウント数を比較することは困難です。新基準ではパーティクルカウンタのブザー機能を適用し、プローブ走査時にカウントのブザー音があった時点でリークを判定できるよう設定条件が変更されました。

4.7.2　清浄度の回復性能試験

　クリーンルームでは、定常的な状態での清浄度も重要ですが、いったん汚染が発生した後にいかに早く清浄度を回復できるかという動的な性能も重要です。この性能を評価する試験が回復性能試験（Recovery Test）です。

　ISOには回復性能試験に関して2種類の記述があります。ひとつは10：1回復試験あるいは100：1回復試験と呼ばれるもので、初期にクリーンルーム内の粒子濃度を目標濃度の10倍あるいは100倍としておき、クリーンルームの運転を開始した後にその1/10あるいは1/100の濃度になるまでの時間を測定する方法です。この試験はクリーンルームの運転開始直後の清浄度の立ち上がりを評価するのに適用できます。

　一方ISOには、汚染が発生した後の濃度の時間変化からクリーンルーム清浄度の回復性能を評価する別の試験方法（対数則勾配による回復性能試験）も記載されています。クリーンルーム内で汚染が発生した後、発生がとまった時点からの濃度の時間変化は

$$C(t) = c(0) \cdot \exp(-Vt/W) \qquad \cdots(1)$$

$C(t)$：濃度の時間変化、

$c(0)$：初期濃度、

V　：クリーンルームの容積、

W　：クリーンエアの供給風量、

t　：時間

で表されます。指数部のV/Wは理論的には換気回数を表しますが、クリーンルームの状態によりこの値は大きく変化します。濃度変化が指数関数なので、横軸を時間、縦軸を濃度の対数値とした片対数グラフにこの時間変化をプロットすると、濃度減衰の様子は直線で表されます（図4.7）。このときの直線の傾きをクリーンルーム清浄度の回復性能として評価するというのがこの方法です。この試験はクリーンルームの運転開始直後にも適用可能ですが、クリーンルームの運転中に何らかの汚染が発生した場合の清浄度回復性能を評価する場合に特に有効です。

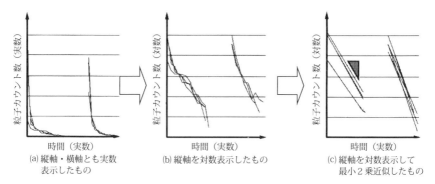

(a) 縦軸・横軸とも実数
　　表示したもの

(b) 縦軸を対数表示したもの

(c) 縦軸を対数表示して
　　最小２乗近似したもの

図4.7　対数則勾配による回復性能試験の原理

4.7.3　封じ込め性能試験、隔離性能試験

　後述するように、ISOのクリーンルーム関連基準にはISO 14644-4（Design, Construction, and Start-up）という基準があり、その中で空間の分離方法についての記載があります。図4.8に示すように、空間の分離方法にはａ）気流による分離、ｂ）差圧による分離、ｃ）物理的遮蔽、の３種類があるとしています。ISO 14644-3では、これら３種類の空間の分離性能それぞれに対応した試験方法が記載されています（2019年の改訂によりすべてがそろった）。

　「ｃ）物理的遮蔽」に関しては、封じ込め性能試験（Containment Leak Test）があります。これは、ミニエンバイロメントシステムのように物理的遮蔽を応用したシステムにおいて、汚染物質のリークがないか試験する方法です。「ｂ）差圧による分離」については、一般的な差圧試験が適用できるので、説明は省略します。

　「ａ）気流による分離」は一般環境の分煙室にも利用されているものです。一

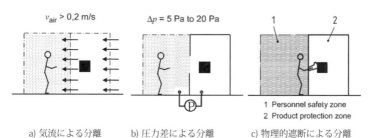

a) 気流による分離　　b) 圧力差による分離　　c) 物理的遮断による分離

図4.8　ISO 14644-4に記載されている空間の分離方法

般に、逆拡散（気流に逆らって汚染物質が拡散すること）を避けるには風速0.2m/s以上の風が必要とされています。この性能を評価する試験方法は2019年の改訂により隔離性能試験（Segregation Test）として追加されました。この試験では空間分離を行う気流の下流側に汚染物質を発生させ、上流側、下流側の濃度を測定・比較します。

4.8　クリーンルームに関するその他の規格

ここまでに示したものを含め、現在までにISOおよびJISで整備されている規格には表4.5および表4.6のようなものがあるので参考にしてください。ISO規格については米国IEST：Institute of Environmental Science and Technologyのホームページ（https://www.iest.org/）より購入できます。またJIS規格については日本規格協会のホームページ（https://webdesk.jsa.or.jp/）より購入できる他、日本産業標準調査会のホームページ（https://www.jisc.go.jp/app/jis/general/GnrJISSearch.html）で検索・閲覧することも可能です。

なお、ISO/TC209では、現在も複数のワーキンググループにより活発にクリーンルーム規格の作成・改訂作業が行われています。現時点で活動中のISO/TC209ワーキンググループの情報を表4.7に示しておきます。

表4.5　現在までに整備されているクリーンルーム関係のISO規格

ISO 基準番号	基準名	発行年	対応する JIS 規格
ISO 14644-1	Classification of air cleanliness ［2015］	2015	JISB9920-1
ISO 14644-2	Specifications for testing and monitoring to prove continued compliance with ISO 14644-1 ［2015］	2015	JISB9920-2
ISO 14644-3	Test Methods ［2019］	2019	JISB9917-3
ISO 14644-4	Design, Construction, and Start-up ［2001］	2001	JISB9919
ISO 14644-5	Operations ［2004］	2004	JISB9917-5
ISO 14644-6	Vocabulary ［2008］	2008	
ISO 14644-7	Separative devices （clean air hoods, gloveboxes, isolators and minienvironments ［2004］	2004	JISB9917-7
ISO 14644-8	Classification of airborne molecular contamination ［2013］	2013	JISB9917
ISO 14644-9	Classification of surface particle cleanliness ［2012］	2012	
ISO 14644-10	Classification of Surface Cleanliness by Chemical Concentration		

ISO 14644-12	Classification of Air Cleanliness by Nanoscale Particle Concentration		
ISO 14644-13	Cleaning of surfaces to achieve defined levels of cleanliness in terms of particle and chemical classifications ［2017］	2017	
ISO 14644-14	Assessment of suitability for use of equipment by airborne particle concentration ［2016］	2016	
ISO 14644-15	Assessment of suitability for use of equipment and materials by airborne chemical concentration ［2017］	2017	
ISO 14644-16	Code of practice for improving energy efficiency in cleanrooms and clean air devices ［FDIS 2019］	2019	
ISO 14698-1	Cleanrooms and associated controlled environments -Biocontamination control - Part 1： General principles and methods	2008	JISB9918-1
ISO 14698-2	Cleanrooms and associated controlled environments -Biocontamination control - Part 2： Evaluation and interpretation of bio-contamination data	2008	JISB9918-2

表4.6　現在までに整備されているクリーンルーム関係のJIS規格

JIS B 9920-1	クリーンルーム及び関連する制御環境 第1部：浮遊粒子数濃度による空気清浄度の分類
JIS B 9920-2	クリーンルーム及び関連する制御環境 第2部：浮遊粒子数濃度による空気清浄度に関するクリーンルーム性能を根拠付けるためのモニタリング
JIS B 9917-3	クリーンルーム及び付属清浄環境 第3部：試験方法
JIS B 9919	クリーンルームの設計・施工及びスタートアップ
JIS B 9917-5	クリーンルーム運転における管理及び清浄化
JIS B 9917-7	クリーンルーム及び関連制御環境 第7部：隔離装置
JIS B 9917-8	クリーンルーム及び関連制御環境 第8部：浮遊分子状汚染物質に関する空気清浄度

表4.7　活動中のISO/TC209のワーキンググループ

名称	タイトル
WG1	Part1 ： Classification of air cleanliness Part2 ： Specifications for testing and monitoring to prove continued compliance with ISO 14644-1
WG2	Biocontamination Control Part1 ： General principles and methods Part2 ： Evaluation and interpretation of biocontamination data
WG3	Part3 ： Test Methods
WG4	Part4 ： Design, Construction and start up
WG5	Part5 ： Operations
WG6	Terms and Definitions
WG7	Part7 ： Separative devices（clean air hoods, gloveboxes, isolators and mini-environments）
WG8	Molecular Contamination
WG9	Clean Surfaces
WG10	Nanotechnology
WG11	Assessment of suitability of equipment and materials for cleanrooms
WG12	Cleaning of surfaces to achieve defined levels of cleanliness in terms of particle and chemical classifications
WG13	Energy saving for cleanrooms
WG14	Assessment of suitability for use of equipment by airborne particle concentration

＜参考文献＞

⑴　https://www.iso.org/committee/54874.html.

⑵　JACA No.24-1989，クリーンルームの性能評価指針，空気清浄協会（1989）.

⑶　ISO 14644-1:2015, Cleanrooms and associated controlled environments　—　Classification of air cleanliness by particle concentration, International Organization for Standardization (2015).

⑷　https://www.iest.org/Standards-RPs/ISO-Standards/FED-STD-209E.

⑸　ISO 14698-1:2003, Cleanrooms and associated controlled environments　—　Biocontamination control　— Part 1: General principles and methods, International Organization for Standardization (2003).

⑹　ISO 14698-2:2003, Cleanrooms and associated controlled environments　—　Biocontamination control　— Part 2: Evaluation and interpretation of biocontamination data, International Organization for Standardization (2003).

⑺　JIS B9920-1:2019 クリーンルーム及び関連する制御環境ー第1部：浮遊粒子数濃度による空気清浄度の分類, 日本規格協会 (2019).

⑻　JIS Z 8122:2000 コンタミネーションコントロール用語, 日本規格協会 (2019).

⑼　William C. Hinds: Aerosol Technology: Properties, Behavior, and Measurement of Airborne Particles (2nd ed.), John Wiley & sons 1999.

⑽　榎原研正, 藤井修二：ISO 14644-1:2015の改訂内容解説, 空気清浄 日本空気清浄協会, 54(2), 119-125, 2016.

⑾　ISO 14644-12:2018, Cleanrooms and associated controlled environments　— Specifications for monitoring air cleanliness by nanoscale particle concentration, International Organization for Standardization (2018).

⑿　ISO 14644-9:2012, Cleanrooms and associated controlled environments　— Classification of surface particle cleanliness, International Organization for Standardization (2012).

⒀　ISO 14644-8:2013, Cleanrooms and associated controlled environments　— Classification of air cleanliness by chemical concentration (ACC), International Organization for Standardization (2013).

⒁　ISO 14644-10:2013, Cleanrooms and associated controlled environments　— Classification of surface cleanliness by chemical concentrations, International Organization for Standardization (2013).

⒂　ISO 14644-2:2015, Cleanrooms and associated controlled environments — Monitoring to provide evidence of cleanroom performance related to air cleanliness by particle concentration, International Organization for Standardization (2015).

⒃　JIS B9920-2:2019 クリーンルーム及び関連する制御環境－第 2 部：浮遊粒子数濃度による空気清浄度に関するクリーンルーム性能を根拠付けるためのモニタリング, 日本規格協会 (2019).

⒄　ISO 14644-3:2019, Cleanrooms and associated controlled environments　— Test methods, International Organization for Standardization (2019).

⒅　ISO 14644-4:2001, Cleanrooms and associated controlled environments　— Design, construction, and start-up, International Organization for Standardization (2001).

⒆　JIS B 9918-1:2008, クリーンルーム及び関連制御環境―微生物汚染制御―第 1 部：一般原則及び基本的な方法, 日本規格協会 (2008).

⒇　JIS B 9918-2:2008, クリーンルーム及び関連制御環境―微生物汚染制御―第 2 部：微生物汚染データの評価, 日本規格協会 (2008).

ルター」は改良に改良を重ね、半世紀を超えた現在でも取替え式防じんマスク市場で60％以上のシェアを誇り、興研を代表するフィルタであります（図5.1左）。このミクロンフィルターは羊毛フェルトに特殊帯電樹脂を加工して製造した静電ろ過材と呼ばれるフィルタで、高い捕集性能を持ちながら呼吸抵抗は一般的に用いられているガラス繊維フィルタと比較して1/10程度（同面積比）と、防じんマスク用フィルタとして理想的な特長を有しています。また、2008年にエレクトロスピニング法の本格的な量産化に成功したナノファイバーフィルタ「FERENA（フェリナ）」は、ULPAフィルタと同等の捕集効率を持ちながら圧力損失はHEPAフィルタ相当に抑えられており、当社のオープンクリーンベンチ（KOACH）で高い清浄度を形成するために必要不可欠なフィルタとなっています（図5.1右）。

マイティミクロンフィルター　　　　　　　　　FERENA
図5.1　ミクロンフィルター及びFERENAの外観

5.2.2　医療用・感染対策用高性能マスクについて

5.2.2-1　サージカルマスクとN95・DS2マスクの違い

　当社では様々なタイプのマスクを製造しておりますが、本書では医療用、感染対策用のマスクについて紹介いたします。令和2年4月10日に新型コロナ感染症対策として厚生労働省よりだされた"N95マスクの例外的取扱いについて"[1]に記載されているように、N95・DS2マスクは気道内吸引、気管内挿管、下気道検体採取等のエアロゾルの発生する手技を行う際に利用することとなっています。一般的に用いられているサージカルマスクとこれら高性能マスクは、使用目的から明確に異なっています。サージカルマスクは着用者自身から排出される飛沫を防ぐために利用されますが、N95・DS2マスクは、空気中に浮遊する有害な微粒子（エアロゾル）の吸入を防止する目的で利用されます。当社が独自に行った実験ではありますが、マスク着用時にどれだけエアロゾルがマス

ク内に漏れこんでいるかを計測できる装置（マスクフィッティングテスター MT-05U、柴田科学㈱製）を用いてPFE99％と記載されているサージカルマスクとN95マスクの漏れ率を測定したところ、サージカルマスクではエアロゾルが60％以上マスク内に漏れこんでくるのに対して、N95マスクの漏れ率は1％以下とエアロゾルの侵入が非常に低く抑えられていることがわかりました。この性能の違いについては後程詳しく説明いたします。

5.2.2-2　N95マスク・DS2マスクとは

　N95マスクは、米国の連邦行政規則集（42 CFR part 84）で定められたマスクの性能基準を満たしているか米国労働安全衛生研究所（NIOSH）が評価し、認証した産業用防じんマスクです。同様にDS2マスクは、日本の厚生労働省が国家検定規格で定めた性能基準を満たすかを公益社団法人産業安全技術協会が評価し、認証した産業用防じんマスクとなります。有害物質の吸入防止を目的としたマスクは、呼吸用保護具と呼ばれ、国の法律によりその性能が厳格に定められています。これは国家検定申請時に性能評価が行われるだけでなく、販売後の市場流通時にも前述の試験機関が市場買取り試験を行い、品質のチェックを行っています。

　日本と米国の防じんマスクの区分を表5.1に示します。N95のNはNot resistant to oilを意味し、95はフィルタの捕集効率が95％であることを示しています。また、日本は米国の性能基準を参照して国家検定規格を定めたことから、DS2マスクはN95マスクに相当する性能であるとみなすことができます。

表5.1　米国と日本の防じんマスクの区分[2][3]

■米国の防じんマスク規格における性能区分（42CFRprt84より）

性能／区分	95 (95.0％以上)	99 (99.0％以上)	100 (99.97％以上)
N	N95	N99	N100
R	R95	R99	R100
P	P95	P99	P100

N：Not resistant to oil　耐油性なし（NaCl）
R：Resistant to oil　耐油性あり（DOP）
P：Oil proof　防油性あり（DOP）

■日本の防じんマスクの国家検定規格（厚生労働省）

		1 (80％以上)	2 (95％以上)	3 (99％以上)
D	S	DS 1	DS 2	DS 3
	L	DL 1	DL 2	DL 3
R	S	RS 1	RS 2	RS 3
	L	RL 1	RL 2	RL 3

D：Disposable使い捨て式
R：Replaceable取替え式
S：Solid固体粒子（NaCl）
L：Liquid液体粒子（DOP）

5.2.2-3 感染対策におけるマスクの使用についての注意点
　　　　（マスクは漏れるもの）

　前述の通り、国ではマスクに対してフィルタの性能を厳格に定め、評価しています。しかし、これら性能基準はマスク単体の品質を確認しているだけであり、実使用の際に最も重要な性能である顔との密着性については評価されません。マスクを装着した時に、顔とマスクの間に隙間があると息を吸ったときにその隙間から外気が流れ込み、エアロゾルが肺の中まで入ってきてしまいます。マスクを装着していれば安心と考えているマスクユーザーが非常に多いので注意が必要です。5.2.2-1項でPFE99%のサージカルマスクの漏れが大きかったのは、サージカルマスクの形状が顔と合っていなかったことが原因です。ただし、市販されているN95・DS2マスクにもさまざま形状があり、自分の顔に合ったマスクを選び正しく装着しないと、マスクが持っている本来の性能を発揮させることはできません。

　N95・DS2マスクの正しい装着方法は取扱説明書に記載されています。では、自分の顔に合ったマスクはどうやって見つければよいでしょうか。それは"フィットテスト"をすることです。フィットテストには、定性的フィットテストと定量的フィットテストの2種類があり、マスクが自分の顔に合っているのかを判断することが可能です。定性的フィットテストでは、サッカリンのような味覚を与える物質を溶かした水溶液を、マスクを装着した人の顔の周りに噴霧器で霧状に噴霧し、マスク着用者が甘味を感じなければ顔とマスクの間に隙間がないと判断できます。定量的フィットテストでは、フィットテスターと呼ばれる装置を使って、マスク着用者の顔周りの空気中のエアロゾル濃度とマスク内に侵入してきたエアロゾル濃度を測定し、その比からどれだけ漏れこんできているかを数値で確認することができます。当社では、マスクユーザーに

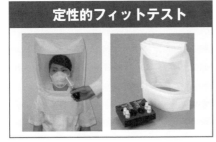
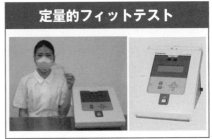

図5.2　定性的、定量的フィットテストの例

フィットの重要さを理解してもらうことを目的として、マスクフィッティング測定サービスを実施しており、18年間で約45万人の方のフィットの測定を行っています。

5.2.2-4　日本人の顔へのフィットの追求（興研製ハイラック350）

当社の使い捨て式防じんマスク"ハイラック350"は国産マスクとして、国内にある保健所の80％、感染症指定医療機関の55％で採用されています（2019年6月集計データ）。一番大きな特長は、FFリップと呼んでいる顔と接触する部分の形状です。国産マスクならではの技術で、日本人の顔に合いやす　いような形状となっています。その他の特長を以下に示します。

特長
- IN95（米国規格）DS2（日本規格）両方に合格
- 日本人の顔に合わせた設計
- FF（フリーフィット）リップの採用
- マスクを着けたまましめ紐の調整が可能
- 金属部品を使用していないため、全て焼却が可能

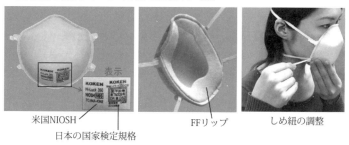

米国NIOSH
日本の国家検定規格
FFリップ
しめ紐の調整

図5.3　ハイラック350の特長

5.3　プッシュプル型換気装置及び気流技術について

5.3.1　はじめに

有害物質を取り扱う作業場の作業環境の改善や作業者へのばく露防止のための有効な工学的対策として、局所排気装置やプッシュプル型換気装置があります。局所排気装置は吸込み気流のみを用いるので、特に外付け式フードの場合、その吸込み風速はフードの開口面から離れると距離の2乗に反比例し急激に減少してしまいます。そのため有害物除去効果の範囲は限定的になります。一方、プッシュプル型換気装置は一様なプッシュ気流を用います。プッシュ気流は到

達距離が長く、一般に、吹出し開口面の短辺の 5 倍程度の距離まで風速を維持します[3][4]。当初、プッシュプル型換気装置は、プッシュ気流の性能が悪く、溶接欠陥などが多発したため、長らく局所排気装置と同等と認められませんでした。しかし、プッシュ気流の一様性が高まり、平成 9 年（1997年）に有機溶剤中毒予防規則において局所排気装置と同等と認められたのをはじめに、粉じん障害防止規則、特定化学物質障害予防規則、鉛中毒予防規則、及び石綿障害予防規則においても認められるようになりました。

図5.4に局所排気装置の外付け式フードとプッシュプル型換気装置の比較を示します。

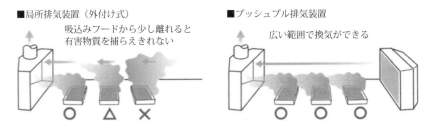

図5.4　局所排気装置(外付け式フード)とプッシュプル型換気装置の比較

また、以下のような特徴を有しています。
① 作業領域を広く有効に使える
② 作業領域全体において風速の変動があまりない
③ 移動する作業に対応可能
④ 大きな発散源に対応可能

以上から、今まで局所排気装置では対策が困難だった作業においても対策が可能となってきました。

5.3.2　種類と性能要件

プッシュプル型換気装置には密閉式と開放式があり、それぞれ気流の方向によって、下降流、斜降流、水平流があります。密閉式は換気区域を壁等で隔離して、その空間をプッシュプル気流で換気します。隔離されていることで作業性が悪化することがありますが、外部からの乱れ気流等の影響を抑えることができ、有害物質が拡散しにくくなります。それに対して開放式は密閉式と比較して作業性に優れていますが、外乱要因が存在するときは注意が必要です。図

5.5に開放式と密閉式プッシュプル型換気装置を示します。

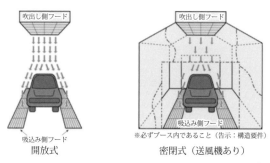

図5.5　開放式と密閉式プッシュプル型換気装置

有機溶剤中毒予防規則に基づき、平成９年労働省告示第21号にはプッシュプル型換気装置の性能要件が示されています。特に捕捉面における気流について、16個以上（四辺形の面積が0.25m²以下になる場合は６個以上でよい）の等面積の四辺形の各中心点における風速の平均値が0.2m/s以上、最大値が平均値の1.5倍以下、最小値が平均値の0.5以上となっています。したがってプッシュプル型換気装置ではプッシュ気流の一様性能が重要な役割を果たすことが分かります。

5.3.3　気流技術について

プッシュプル型換気装置において、換気区域の気流の状態はほぼプッシュ気流の性能で決まります。したがってプッシュフードの開口面風速の一様性を高めた一様流であることが重要と考えられます。ここで一様流とは、開口面のどこでも風速の向きと大きさが同じ気流のことを言います。

図5.6にはCFD解析で求めた一様吹出し気流の風速分布を示しました。このように一定の風速を広い範囲に亘って維持していることが分かります。また、図5.7には気流の可視化で得られた一様吹出し気流と画像解析（PIV解析）から求めた風速分布を示しました。気流がほぼ直進しており風速も開口面全体に亘ってほぼ一定であり、高い一様性を持った気流が発生していることが分かります。一様な吹出し気流は到達距離が長いことも特徴の一つです。図5.8には吹出し開口面中心線軸上の風速の測定結果を示しました。グラフの横軸はフード開口面からの距離X（m）をフード短辺の長さL（m）で割って無次元化した距

離、縦軸は開口面中心線軸上の風速を初速V_0で割って無次元化した無次元風速です。このように一様な吹出し気流は開口面短辺の4から5倍の距離まで初速を維持することが分かります。このような一様な吹出し気流を用いることでプッシュプル型換気装置は広い領域を一定の風速での換気を可能にしています。

図5.6　CFD解析で求めた一様吹出し気流の風速分布

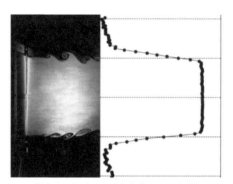

図5.7　一様吹出し気流の風速分布（気流の可視化，PIV解析）

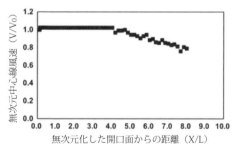

図5.8　プッシュ気流の到達性能

191

　以上のような一様流を発生させる技術を実際のプッシュフードに利用したのが図5.9に示したプッシュフード（興研㈱PS-21H）になります。従来のフードは整流のためにフードの厚みが厚く、ダクト接続タイプであったので設置できる場所が限られていましたが、こちらのフードは独自の薄型整流機構を用い、さらにファン内蔵でありながら厚みは30cmと非常に薄型化を実現しており、それまで設置、導入が難しかった作業場にも設置できるようになり作業環境改善に大きく貢献しました。

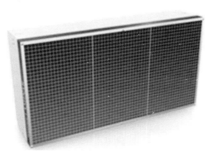

図5.9　プッシュフード（興研㈱PS-21H）

5.3.4　適用事例

　ここで適用事例を紹介したいと思います。図5.10は病理検査室のホルムアルデヒド対策用に設置した卓上型下降流プッシュプル型換気装置（興研㈱HD-01）の例です。ホルムアルデヒドは発がん性が認められ特定化学物質の第2類に分類されていて局所排気などの換気装置が必要になります。狭所であったため局所排気装置や従来のプッシュプル型換気装置は設置できなかった場所で

図5.10　卓上型プッシュプル型換気装置（興研㈱HD-01）

も、本装置は卓上小型タイプなので、設置工事はほとんどなく簡単に設置でき、作業環境を改善できました。このように一様流の気流技術を用いたプッシュプル型換気装置は、今まで設置が困難であった作業場にも設置でき改善効果を上げています。

5.4　オープンクリーンシステムKOACHについて

5.4.1　高清浄度クリーンルームの課題

5.4.1-1　はじめに

　近年、半導体業界をはじめとした様々な業界では、生産技術の革新に伴い、これまでより高い清浄度を有した作業空間が要求されています。しかしながら、クリーンルーム全体の清浄度クラスアップには多大な費用と時間がかかるため、一朝一夕で実現できるものではありません。そこで、クリーンルーム全体ではなく、部分的にクラスアップする局所クリーン化技術が注目されています。

5.4.1-2　クリーンルームの清浄度維持四原則

　クリーンルーム内の清浄度を維持するためには、粉じんを①持ち込まない、②排除する（換気する）、③発生させない、④堆積させない の四原則を厳守する必要があります。この四原則はすべて重要項目ですが、クリーンルームのクラスアップを考慮した場合、②排除する（換気する）、及び③発生させないという原則は特に重要な項目です。

5.4.1-3　清浄度クラスアップ手段について

　クリーンルームの清浄度クラスアップを全体で実施するためには、FFUの追加、及び循環系統の強化等が必要不可欠となり、大がかりな作業となります。この問題を回避するために、局所クリーン化技術が注目されていますが、この技術を採用する際にも注意すべき点があります。それは、発じん源の有無です。発じん源が対象領域に存在する場合、行うべき最優先事項は「発生させない」こととなります。しかしながら、駆動系を有する生産設備等が対象領域にある場合、発じん量をゼロとする、若しくは減少させるということは、生産設備の改良、または再導入を伴うため、極めてハードルが高くなります。この場合、局所排気装置等により粉じんを除去する事で問題は解決できます。しかしながら、屋外排気方式の局所排気装置等を使用してしまうと、クリーンルームのエアバランスを崩す、空調された空気が排出される、並びにFFUの総風量が増えるといった2次的問題を発生させてしまいます。これらの問題を全て解決できる最良の手段は、クリーンルーム仕様の室内循環式プッシュプル換気装置の使用で

す。当社製LAMIKOACH J 645-Hはプッシュフード及びプルフードの双方に
HEPAフィルタを搭載した、室内循環式プッシュプル換気装置（図5.11）です。

図5.11　室内循環式プッシュプル換気装置

　双方のフードが対向している領域内で発生した粉じんは、プッシュフードか
ら吹き出される清浄度の高い同一ベクトルの集合流によって捕捉搬送され、プ
ルフードに吸い込まれます（図5.12）。その後、搭載されたHEPAフィルタによっ
てろ過されるため、室内に粉じんは排出されません。結果的に、LAMIKOACH
J 645-Hを使用することで、クリーンルーム内のエアバランスを崩すことなく
粉じんの拡散を防ぐことが可能となります。

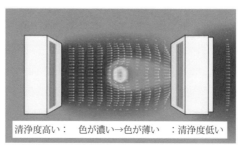

清浄度高い：　色が濃い→色が薄い　：清浄度低い

図5.12　フード間の清浄度分布

　一方で、発じん源が対象領域に存在しない場合、行うべき最優先事項は「排
除する（換気する）」こととなります。この場合においては、クリーンベンチ及
びクリーンブースに代表される局所クリーン化装置を使用することになりま
す。しかしながら、一般的なこれらの装置は、外周が囲われているため、粉じ

んが入ってしまうと内部で滞留し、領域外に排出されにくいという欠点を持ち合わせています。その結果、クラスアップのために使用しているクリーンベンチ及びクリーンブースが本来の目的達成に寄与していないという結果を招きかねません。クラスアップのために必要とされる局所クリーン化装置には速やかに、かつ確実に粉じんを排除するといった性能が必要不可欠となります。

　当社製KOACHシリーズは、清浄度の高い同一ベクトルの集合流を吹き出す2台のプッシュフード（フロアーコーチKOACH Ez、Tzについては片側が衝突壁）を対向することで、開放空間のまま清浄空間を形成するといった全く新しい発想の局所クリーン化装置です。外周が囲われていないオープン型の局所クリーン化装置であるため、フード全体から吹き出された清浄度の高い同一ベクトルの集合流はフードの中心で衝突し、その後フード間の外側へと向きを変え、排出されていきます。このことにより、外部からの粉じんの進入を防ぐことが可能となります。

5.4.2　KOACH のメカニズム

　KOACHはフィルタによって清浄化された空気を向かい合った2つのユニットから吹出すことで、オープンな清浄空間を形成できます。

　KOACHには、0.15μmの粒子に対しての捕集効率が99%のELE-PREと99.9998%のFERENAの2種類のフィルタが搭載されています。これらのフィルタを通した空気を整流化し、向かい合ったユニットから吹出すことで、気流同士が空間の中心でぶつかり、外側に向きを変えて吹き続けることで、開放状態で清浄空間を形成します（図5.13）。このフィルタと気流の2つの技術によって、開放状態で高い清浄度を形成することが可能となります。

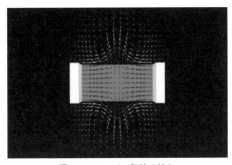

図5.13　KOACH気流の流れ

　KOACHは開放状態であるため、気流が滞留しにくく、発生した微粒子を速やかに排出することができます（図5.14）。また、KOACHから吹き出される気流の特徴として、気流の中に障害物があった際に、障害物を避けたあと、元の気流に戻ることができる「気流復元性」があります（図5.15）。

図5.14　気流イメージ

図5.15　気流復元性

　KOACHが形成する清浄度はISO規格（14644-1）におけるクラス1で、1m³中に許容される0.1μm以上の微粒子は10個以下です（表5.2）。0.1μmの試験粒子は、結核菌や大腸菌（粒子径：0.3μm～3μm）、カビ（粒子径：5μm～10μm）などの浮遊微生物よりもはるかに小さい粒子です。また、NASA規格の一般的なクリーンルームの清浄度であるISOクラス7（クラス10,000）で許容される0.1μm以上の浮遊微粒子数は1m³中に10,000,000個以下なので、ISOクラス1環境中の浮遊微粒子数はISOクラス7（クラス10,000）のクリーンルームの100万分の1であることから、カビや菌の浮遊量も少なく、混入リスクを低減することが可能となります。

表5.2　ISO規格清浄度表

ISO 14644-1	NASA NHB5340	上流濃度(個/m³) 測定粒径			
		0.1μm	0.3μm	0.5μm	1μm
クラス1		10			
クラス2		100	10		
クラス3	1	1,000	102	35	
クラス4	10	10,000	1,020	352	83
クラス5	100	100,000	10,200	3,520	832
クラス6	1,000	1,000,000	102,000	35,200	8,320
クラス7	10,000			352,000	83,200
クラス8	100,000			3,520,000	832,000
クラス9	1,000,000			35,200,000	8,320,000

主な粒子の大きさ　ウィルス　結核菌　大腸菌　カビ

(1m³=35.314cf)

5.4.3　KOACH のラインナップ

　KOACHは必要な清浄空間の大きさに応じて機種を選定でき、スタンドコーチ、連続コーチ、フロアーコーチ、テーブルコーチという機種があります。

5.4.3-1　スタンドコーチ

　スタンドコーチ（KOACH C645・KOACH C900）は、机などを挟んで使用できるタイプで、最大フード間距離は2,300mm（KOACH C900）です（図5.16）。従来は製造装置の一部だけをクリーン化する場合でも、装置全体を覆う大きな空間を清浄化しなければなりませんでしたが、スタンドコーチは清浄化したい場所を2台のユニットで挟み込むだけですぐに清浄化することができます。また、それぞれのユニットは独立しており、キャスターが付いているため、移動も容易です。

図5.16　スタンドコーチ

5.4.3-2　連続コーチ

　連続コーチは製造ラインのように長いエリアのクリーン化に対応する機種です。スタンドコーチでは横にならべるとユニット間の吹出面にすき間ができてしまいますが、連続コーチは気流によって気密を保つ構造を有しているため、簡単に清浄空間を横につなげていくことができます（図5.17）。

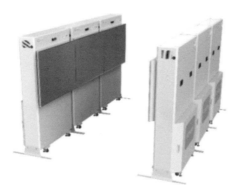

図5.17　連続コーチ

5.4.3-3　フロアーコーチ

　フロアーコーチは連続コーチと同様に気流によって気密を保つ構造を有しており、横方向だけではなく、上に積み上げていくことができます。組み合わさったユニットはそれぞれが気流を制御することで、一体のフードとして機能することができます。

　その組み合わさったフード同士を向かい合わせることで、開放状態で床面からの清浄環境を形成することができ、吹出し面が広いため、スタンドコーチより大きなフード間距離をとることができます（図5.18）。

図5.18　フロアーコーチFs

　また、気流の直進性を補助するガイドスクリーンを用いることで、フード間

40mの大きな空間を形成することができます。向かい合ったユニットから吹出された気流はガイドスクリーン内部を一定の風速で流れ続け、中央に設けられた開放部分でぶつかり外部へ排出されます。さらに、フロアーコーチはフード間距離が20m以下の場合は、片側のフードの代わりに衝突壁を用いることができます（図5.19）。

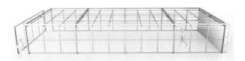

図5.19　フロアーコーチEz

5.4.3-4　テーブルコーチ

　テーブルコーチ（図5.20）は、卓上での作業を中心に採用されています。大学・公的研究機関はもとより、企業の研究開発部門や品質管理部門で多く採用されています。テーブルコーチは1台が約13kgで持ち運びしやすく（図5.21）、卓上に置くだけですぐに清浄空間を形成でき、一般運送便で送ることも可能です。

図5.20　テーブルコーチ

図5.21　テーブルコーチを持ち上げる様子

5.4.4　KOACHの活用事例と独自メリット紹介

　KOACHは2015年ものづくり日本大賞で内閣総理大臣賞を受賞するなど、高い評価をいただいている製品です。既に大学や研究機関をはじめ、大手から中堅・中小企業まで民間企業でも幅広くお使いいただいています。採用事例とご評価いただいたメリットについてご紹介します。

5.4.4-1　食品分野

5.4.4-1-1　食品分野における微生物対策の課題

　現在、HACCPの義務化や世界的な食品ロス削減の動きを背景に、食品業界では、工場全体の衛生管理の強化や品質管理の厳格化など、幅広い課題への対応が急務となっています。　そのような中で、特に重要性を増しているのが"微生物対策"です。

　微生物が混入することで、製品の腐敗変敗やカビの発生、食中毒などの様々な問題が発生します。それにより、クレームや消費者の不買、出荷停止、製品回収などに繋がり、企業にとっては大きなリスクとなります。中でもカビ・菌は、見た目にも不快感が強く、製品に発生してしまうと、企業イメージを大きく損なう恐れがあります。カビ・菌が増殖するためには、温度・水分・栄養分・酸素・pHという5つの条件があり、このうち1つでも欠けると増殖できません。そのため、ほとんどの食品企業では、加熱による殺菌や脱酸素剤や添加物等による増殖の抑制などの対策が取られています。

　しかし、カビ・菌はその種類も特徴も多岐に渡り、熱に強いものや、酸素がなくても生きていけるものなどが存在します。そのため、最も根本的な対策は、そもそもカビ・菌を混入させないことに尽きます。そこで有効なのが、クリーン空間を形成し、混入リスクを低く抑えることができるクリーンデバイスです。

5.4.4-1-2　"オープン×無菌"KOACHの食品業界での適用事例

　"オープン" な "無菌空間" を作ることができる今までにないクリーンデバイスKOACHの活用で、食品業界の常識が変わり始めています。ここからは、KOACHの適用事例を紹介します。

　図5.22は、菌検査工程での活用イメージです。現在、HACCPの制度化に伴い、微生物の自主検査を強化もしくは新たに行うことを検討されている食品企業も多いのではないかと思います。品質管理の現場の課題解決や信頼性の高い菌検査の実施に役立つメリットを紹介します。

図5.22　菌検査工程での使用イメージ

　品質管理業務で最も避けなければならないのは、検査室でのコンタミネーションです。本当に製品由来のカビ・菌なのかを証明するには、検査環境の整備が重要な要素です。KOACHであれば、確実にカビ・菌のいない空間で作業ができるので、その信頼性を支える一つの要因となりえます。また、無菌操作時にガスバーナーから離れた場所での作業が可能なため、火傷や室温上昇による暑さといったリスクもなくなります。

　次によく聞かれるのが、検体数の増加に伴う人手不足やスペース不足といった悩みです。KOACHはオープンなので、複数人作業が可能です。複数のベンチ間を移動しながら行っていた作業を、KOACHなら1セットで行うことができます。作業動線を効率化することで、今までと同じ人員・作業でも、処理できるスピードや量を向上できます。

　続いて、図5.23は、製造現場（充填工程）での適用事例です。KOACHは、置くだけで挟み込んだ空間内を無菌状態にすることができます。大がかりな工事は必要ありません。キャスター付きで、移動も簡単なので、新製品の製造など

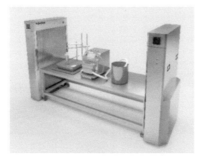

図5.23　製造工程での使用イメージ

に伴う対策箇所の変更にも柔軟に対応できます。加えて、囲われていないので中の機材や作業者への制限が少ないことや内部に湿気がこもりにくく、カビ・菌の発生リスクの低減に繋がるというメリットもあります。この局所的なスーパークリーン空間を活用して無菌充填を行い、リキュールなどの新製品の製造を行っている企業もいます。

5.4.4-2　医療分野

5.4.4-2-1　医療現場におけるウイルス対策

世界規模で発生した新型コロナウイルスによる未曽有のパンデミックですが、日本においては最前線で戦う医療従事者の尽力により、第1波は終息し、第2波・第3波への対策が次なる課題となっています。冬になり、発熱の症状を伴うインフルエンザが流行すれば、新型コロナウイルスとの見分けは難しくなり、医療施設では今まで以上に徹底した感染対策が求められることになります。

特に少人数で運営されているクリニックなどでは、たった一人の感染でも運営が停止する事態になりかねません。医療崩壊を防ぐためにも、まずは医療従事者がしっかりと感染リスクから守られることが重要となります。しかし、その一方で、クリニックなどでは陰圧室を設けるなどの大掛かりな対策は容易ではありません。そんな課題を解決し、医療従事者を確実に感染から保護することを可能にしたのが、医療向けに開発されたKOACHシリーズです。

5.4.4-2-2　ウイルス感染対策用フリーアクセススーパークリーンブース Stand KOACH Mz

Stand KOACH Mz（図5.24）は、オープンクリーンシステムKOACHをベースに、その桁違いの清浄度によって診療時における感染者の飛沫や浮遊ウイルスから確実に医療従事者を守るために開発されました。KOACHと同じ当社独自

図5.24　Stand KOACH Mz

の技術を活かし製品化されたStand KOACH Mzは、医療従事者の安全性と利便性を両立させる今までにない特長を備えています。

(1)　ウイルスサイズの微粒子を99.999998％除去できる独自のフィルタ技術と、高度な整流技術によってつくり出される究極の清浄空間で医療従事者を守る

Stand KOACH MzはKOACHと同じく、当社独自の超高性能フィルタFERENAとELE-PREを搭載しており、ウイルスを含む0.15μmまでの粒子を99.999998％捕集することができます。新型コロナウイルスは0.3μmよりも小さいことが知られていますので、一般的なHEPAフィルタの規格値（0.3μmの粒子に対する捕集効率99.97％）と比べ、圧倒的に高いろ過性能を有しています。

ただし、フィルタでろ過した空気を送り込むだけでは、すぐに外部の汚染された空気と混ざり合ってしまうため、ウイルスのいない清浄空間を形成することは困難です。

しかし、Stand KOACH Mzの診療ブース内は、同じ方向と速度に高度に整流されたクリーンエアが外部の汚染された空気を巻き込むことなく直進し、開放空間から常に外部に向かって押し出されることで内部へのウイルスの侵入を防ぎつつ、医療従事者の呼吸域を常に清浄な空気で守ります。

(2)　オープンな清浄空間だから触らずにエントリー可能

Stand KOACH Mzは医療従事者がエントリーするスペースを開放した状態でも内部を清浄に保つことができます。そのため、医療従事者はウイルス汚染の可能性があるものに触れることなく、Stand KOACH Mz内にエントリーすることが可能です。密閉型のブースでは、内部へのエントリーの際に触れた手指、白衣等の消毒が必要でしたが、Stand KOACH Mzならそのような手間も省けます。内部にいながら、PC等もストレスなく操作できます（図5.25）。

図5.25　Stand KOACH Mz使用イメージ

⑶　同室で働くスタッフの感染リスク低減

Stand KOACH Mzは、設置した部屋の空気を吸い込み、本体内のフィルタで濾過し、フードから吹き出しているので、対面診療時に医療従事者を感染から守ることはもちろん、Stand KOACH Mzを設置した診療室自体もきれいにできる世界最高の空気清浄機としても機能します。同室内で働くスタッフの感染リスクの低減にも役立ちます。

⑷　どこでも、簡単に、すぐに使える

キャスター付きで施設内の移動も楽に行えます。移動先でAC100Vの電源に繋いでスイッチを入れるだけで、どこでも1分以内で感染対策エリアを形成できます。また、折り畳み式のフード部は、簡単に組み立て、収納が可能です。

⑸　聴診器が使える静かさ

Stand KOACH Mzは47dBと低騒音なため、聴診器も問題なく使える静かさです。

⑹　温度上昇なく、快適に使用できる

密閉型の感染対策ブースは、内部に空気がこもりやすく、吸気ファンや人からの放熱による温度上昇が避けられません。しかし、Stand KOACH Mzはオープン型なので、内部の空気が外部に素早く排出され、長時間使用しても温度上昇なく快適に使用いただけます。

5.5　最後に

本書のテーマである医療現場、医薬品製造現場、食品加工工場など様々な現場での微生物汚染を防ぐバイオクリーン環境技術を考える際には、目まぐるしく変化する社会状況に対応できるクリーン機器を適切に選定・運用することが重要となります。社会からの要望に対応して、クリーン技術は進歩してきました。そして、今後も絶えず要望は高度化し、それを満たす新たな技術が求められることでしょう。従来のままのクリーンデバイスで、"今の"そして"これからの"要求に対応できるかということを常に考えなければなりません。先を見据えてクリーンデバイスを検討することが、結果として無駄のない投資に繋がります。

当社は、今後も独自の技術をベースに社会の要望に対応できる製品の研究開発を行ってまいります。本書が、読者の皆様がクリーンデバイスを検討する際のご参考になれば幸いです。

＜参考文献＞
⑴　厚生労働省ホームページ：
　　https：//www.mhlw.go.jp
⑵　CDC（アメリカ疾病予防管理センター）ホームページ：
　　https：//www.cdc.gov/niosh/npptl/topics/respirators/pt84abs2.html
⑶　沼野雄志："やさしい局排設計教室"中央労働災害防止協会（2010）
⑷　中央労働災害防止協会："局所排気・プッシュプル型換気装置及び空気清浄装置の標準設計と保守点検"，中央労働災害防止協会（2012）

あとがき

環境科学フォーラム　鈴木道夫

　「まえがき」にも述べられていますが、本書の出版計画を始めたときはICRに
比べてBCRの解説書が少ないことが計画の前提にありました。しかし所属して
いる環境科学フォーラムのメンバーは空調系の専門家が多く、執筆者は外部の
専門家にお願いするケースが増えました。このような背景で出版にこぎ着けら
れたのは日本工業出版株式会社、編集者の方々の熱意の賜物と感謝申し上げま
す。

　本書のタイトルはバイオクリーン環境の知識になっていますが、内容は全
体を網羅した教科書的なものではなく、現在注目されている分野を中心に記
述しています。特にバイオクリーン環境の構造や空調設計の詳細は、第2章
1節の「医薬品工場」で取り扱っています。多くの項目はインダストリアルク
リーン環境と共通ですが、無菌操作を必要とするなどBCRの特徴的な作業で
はヒトとの影響を分離するアイソレータを駆使する構造の説明がなされてい
ます。超高度な環境を必要とするバイオセーフティレベルP4に関しては今回
紹介していません。

　「食品工場」は大規模な事業所では多くの製造工程を無人連続運転で製品を
生産しており、工場では見学者の見学コースを設けて安全な製品のイメージ
をPRしていることは周知の通りです。しかし食品事業者数は国内で見ると
97％は中小規模とのことで本書では、1例としてさつま揚げ工場を取り上げ
ました。2021年から全食品工場でHACCPを導入することが政令で決まって
おり、本書ではハード・ソフト両面から限られた予算での工夫が示されてい
ます。

　病院に関しては院内感染を中心に纏めています。現在コロナ感染症医療の
現場が非常にクローズアップされており、医療従事者のご苦労が院内感染対
策の視点から理解されれば幸いです。病院では患者と医療従事者の接触点が
各所で存在し、感染リスクを避けるロボット支援の活用も一部で報道されて
います。最終の姿は無人手術室の実用化でしょうが、そこまでの道のりの途
中で解決すべき項目が多々あることが窺えます。

　バイオクリーン環境での汚染低減は対象室内への入室者を最小限にするこ
とです。最大の汚染源はヒトであり、且つ室内を動き回らないことです。1
章や3章にも関連する実測値が提示されています。このことは微生物汚染を

問題にするバイオクリーン環境では重要なことであり、食品工場でも留意すべきです。

　計測では短時間で結果が判る迅速測定法、センサーやモニターを使った可視化、DNAシーケンサなど今後数年で急速に技術が進歩すると思われ、それら計測法を駆使してバイオ分野の諸現象が一気に明らかになることを期待しています。

＊＊＊

環境科学フォーラムの紹介

環境科学フォーラム会長　石津嘉昭

　日本エアロゾル学会や日本空気清浄協会などで親しくしていた人達で、年に数回懇親会を行っていましたが、空気のこと、エアロゾルのことを世の中の人達にもっと知ってもらう社会貢献活動をしようと1996年に東京理科大学の中江茂教授を会長に8名で環境科学フォーラム（Forum on Environmental Science：FES）を結成し活動を始めました。（現在の会員数は13名）。2か月毎の例会では、地球環境問題、室内空気の汚れと健康、放射能汚染、空気浄化、超清浄空間などについて議論してきました。これらの議論もふまえた本の出版が初期の環境科学フォーラムの主な活動でした。これまでに "わかりやすい空気浄化の仕組み" や "クリーンルームのおはなし" など、やさしく解説した本を6冊出版しました。他に市民向け講座への講師派遣などを行ってきました。今でも日本空気清浄協会の企画行事への講師派遣を行っています。最近は、出版活動からやや遠ざかっていましたので、コロナ禍の現状も考慮して "バイオクリーン環境の知識" の本の出版に取り組むことにしました。これまで出版した本の著者はすべて環境科学フォーラム会員でしたが、バイオ分野を専門とする環境科学フォーラム会員が限られたため、今回は会員の知人にも執筆を依頼しました。本書によりバイオクリーン環境への関心が高まることを期待します。なお、環境科学フォーラムはホームページも開設しています。興味のある方はご覧下さい。

URL　http://fes.blue.coocan.jp

索引用語

バイオクリーン環境の知識

2021 年 9 月 30 日 初版第 1 刷発行

定　　価　本体 2,800 円 + 税《検印省略》

編　　　著　環境科学フォーラム

発　行　人　小林大作

発　行　所　日本工業出版株式会社
　　　　　　https://www.nikko-pb.co.jp　e-mail：info@nikko-pb.co.jp
　　　本　　　社　〒 113-8610　東京都文京区本駒込 6-3-26
　　　　　　　　　TEL：03-3944-1181　FAX：03-3944-6823
　　　大阪 営業所　〒 541-0046　大阪市中央区平野町 1-6-8
　　　　　　　　　TEL：06-6202-8218　FAX：06-6202-8287
　　　振　　　替　00110-14874
■乱丁本はお取替えいたします。

ISBN978-4-8190-3314-5 C3058　　¥2800E

関連企業資料

アズワン㈱

㈱エアレックス

カトウ光研㈱

蒲田工業㈱

三建設備工業㈱

トランステック㈱

日本エアーテック㈱

日本無機㈱

メルク㈱

ポータブル型 気中パーティクルカウンター
MET ONE 3400＋ シリーズ

MET ONE 3400＋シリーズの特長

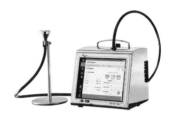

- ・21 CFR Part 11 準拠で強固な監査証跡機能搭載
  （ALCOA ガイダンス対応）
- ・簡便で安全なネットワーク構築によるリモートでの
  サンプリング制御とモニタリングが可能
- ・10 インチ大画面の高感度タッチパネルスクリーンで簡単操作
- ・高耐食ステンレス（SUS316）製筐体のため
  洗浄・滅菌剤を直接スプレー可能
- ・最小可測粒子径 0.3μm（モデルによる）

日本語対応

ハンドヘルド型 気中パーティクルカウンター
MET ONE HHPC＋ シリーズ

クリーンルームの清浄度管理に微粒子を測定、数値化します。
充電式で持ち運びができ、多数のポイントで測定可能です。

MET ONE HHPC＋シリーズの特長

- ・最小可測粒子径 0.3μm（HHPC 3＋、HHPC 6＋）
- ・日本語対応の高画質カラー液晶
- ・持ちやすく軽量・スリムな設計
- ・測定データは簡単に取り出し可能
- ・ゼロカウントフィルターはワンタッチで脱着
- ・3 モデルをご用意

ラボ型 液中パーティクルカウンター
HIAC 9703＋

HIAC 9703＋の特長

- ・測定粒子径：0.5 ～ 600μm（センサーによる）
- ・日本薬局方「一般試験法 6.07 注射剤の不溶性微粒子試験法」
  第一法（光遮蔽粒子計数法）に準拠
- ・最少 0.1mL のサンプルをバイアルから直接測定可能
- ・21 CFR Part 11 対応ソフトウェアは DI 対応、電子署名に対応

お問い合わせは
国内発売元

商品の内容に関するお問い合わせ対応窓口

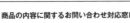 カスタマー相談センター
URL：https://help.as-1.co.jp/q（24時間受付）
TEL：0120-700-875（ユーザー様用）
TEL：0120-722-875（代理店様用）※納期・価格は営業部まで
電話受付時間：午前9時～午後5時30分（土・日・祝日及び弊社休業日は除く）

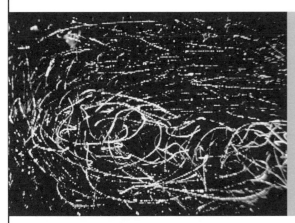

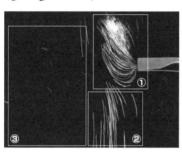

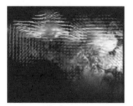
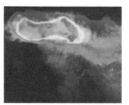

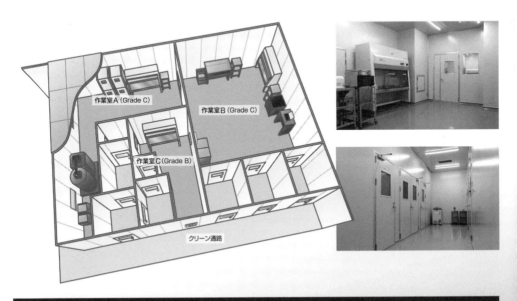

第5章

バイオクリーン施設関連製品の紹介

5.1　会社概要と沿革

　興研㈱は1943年に前身である興進会研究所を設立し、1952年に日本の国家検定第１号のマスクを開発して以来、現在に至るまで産業用マスクの国内トップメーカーとして確固たる地位を築いてきました。今では産業界だけでなく、医療分野においてもN95マスクやDS2マスクが数多くの医療機関にて愛用されており、コロナ禍ではICUなどのホットゾーンで医療従事者の感染対策に使用されています。また、防衛省、自衛隊に対毒ガス用の吸収缶を備えた防護マスクを納入しており、オウム真理教による地下鉄サリン事件では当社の防護マスクを装備した隊員がサリンの除染活動をするなど、働く人の命を守る製品で社会貢献をしてきています。このように当社の製品は人の健康や生命に直接関わっており、「真に役立つ」「徹底して研究する」をモットーとした製品開発を行っています。また1995年からプッシュプル型換気装置事業に進出し、局所排気装置よりも有効な作業環境改善の工学的対策手法として多くの工場で利用されています。プッシュプル型換気装置は、プッシュ気流の制御にノウハウがあり、当社では研究を重ね非常に一様性の高い、風速の乱れの小さい気流を作り出すことに成功しました。2008年には、マスクで培ってきたフィルタ技術と気流制御の技術を掛け合わせ、世界になかったオープンクリーンベンチ「KOACH」を開発しました。このKOACHは、囲うことなく空気中にISOクラス１の清浄空間を形成させることのできる製品として、様々な業種から非常に多くのファンを作っています。

　興研㈱の特徴は、「人を育てる、技術を育てる、クリーン、ヘルス、セーフティの分野で新市場を育てる」という経営理念に基づき、長年のマスクの研究で培ってきたフィルタ技術、吸着技術、そして気流制御の技術などを柱としてクリーン分野、ヘルス分野及びセーフティ分野に興研独自の技術でオリジナリティの高い製品群を提供している点にあります。本書では、マスク及びフィルタ技術、プッシュプル型換気装置、オープンクリーンベンチ（KOACH）ならびに最近開発した感染対策用製品について紹介いたします。

5.2　マスク及びフィルタ技術について

5.2.1　興研㈱のフィルタ技術

　当社はフィルタの研究開発にも非常に力を入れており、独自に開発したフィルタを用いた製品を提供しています。中でも1963年に開発した「ミクロンフィ